辣椒间作套种栽培

编著者

庄灿然　张周让　李俊芬

金盾出版社

内 容 提 要

　　本书由西北农林科技大学庄灿然教授等编著。内容包括:辣椒间作套种的优越性与生态反应,辣椒与粮食作物套种,辣椒与蔬菜作物套种,辣椒与粮食、蔬菜作物套种,辣椒与经济作物和果树套种,以及间作套种应注意的几个关键问题。本书语言通俗易懂,内容先进实用,可操作性强,适合广大农民、基层农业科技人员及相关院校师生阅读参考。

图书在版编目(CIP)数据

辣椒间作套种栽培/庄灿然等编著. —北京:金盾出版社,2007.6
　　ISBN 978-7-5082-4549-2

Ⅰ. 辣…　Ⅱ. 庄…　Ⅲ. 辣椒-蔬菜园艺　Ⅳ. S641.3

中国版本图书馆 CIP 数据核字(2007)第 042965 号

金盾出版社出版、总发行
北京太平路 5 号(地铁万寿路站往南)
邮政编码:100036　电话:68214039　83219215
传真:68276683　网址:www.jdcbs.cn
封面印刷:北京精彩雅恒印刷有限公司
正文印刷:北京金盾印刷厂
装订:兴浩装订厂
各地新华书店经销
开本:787×1092 1/32　印张:4.75　字数:104 千字
2009 年 6 月第 1 版第 5 次印刷
印数:37001—57000 册　定价:8.00 元
(凡购买金盾出版社的图书,如有缺页、
倒页、脱页者,本社发行部负责调换)

前　　言

我国耕地面积为世界的 1/7,而人口却占世界的 1/4,人口多、耕地少的矛盾比较突出。近年来,随着开放搞活的发展,交通路线不断拓宽,城乡企业不断发展和住宅的不断扩大,耕地面积继续减少,而居住人口还在日益增长,致使我国人口增长与耕地减少的矛盾不断加剧。因此,我国政府早已向全国人民敲响了人口、耕地和粮食等三个可能出现危机的警钟。为了充分挖掘耕地的生产潜力,提高单位面积的生产效益,在我国人多地少地区把间作套种作为一项重要的农业技术措施来抓。辣椒的间作套种也引起了全国辣椒生产省的极大关注,研究有了迅速发展,成果水平不断提高,推广应用速度、范围不断扩大,经济、社会、生态效益越来越高。应此需求,我们编写了《辣椒间作套种栽培》一书。

本书概述了辣椒间作套种的优越性与生态反应,主要介绍辣椒与粮食作物套种,与蔬菜作物套种,与粮食、蔬菜作物套种,与经济作物和果树套种的技术,从套种组合的特性与优越性、套种的配比与结构、套种的密度、套种的特殊栽培管理及套种的经济效益等方面进行阐述,并分析了间作套种应注意的几个关键问题。

为了编好此书,我们认真总结了近年来辣椒间作套种生产实践经验和科研成果。在本书编著过程中,江苏省农业科学院蔬菜所王述彬、河北省农林科学院经济作物研究所范妍芹、重庆市农业科学研究所黄启中、广州市蔬菜科学研究所常绍东等提供了一些辣椒套种的范例，使得本书内容更加充实和全面，在此一并感谢。由于笔者水平所限，书中不完善之处，敬请同行专家和广大读者批评指正。

编著者
2007 年 5 月

目　录

第一章　辣椒间作套种的优
越性与生态反应

一、辣椒间作套种的优越性

辣椒与粮食作物、蔬菜作物以及其他经济作物间作套种，是农业耕作制度变革的一项重要措施，也是充分利用时间、空间、地力、劳力、光、热、气和节约水、肥等自然资源，合理调整套种作物，改善共同生存环境以及不同作物间共存时的种间相互关系最好的范例，使之充分发挥了生物学的互助作用，抑制互抑作用，收到了增加生产、丰富人们食物营养、加速农业内部结构调整、推动农业商品经济发展的效果，具有很好的经济效益、社会效益和生态效益，使一些先进地区的产量创造出生产历史上的最高记录，高产优质防病的综合栽培技术达到了世界先进水平。辣椒间作套种综合发展的优越性，主要表现在以下几个方面。

（一）可以充分利用时间和空间

农业生产的地域性和季节性很强，一个地区作物生育季节的长短与无霜期的长短紧密相关。而热量资源是影响无霜期长短、作物光合效率和单位面积年生产力的重要条件。不同地区所处的地理位置不同，生长季节的长短不一，对其充分利用的程度和合理性，主要在于是否采取了适合当地自然条件和生产特点的栽培制度与种植方式。

我国长江以南地区,无霜期长,适于作物生长发育的季节也长,但过去生产上一直存在着种两季有余、种三季不足的矛盾。采用间作套种栽培之后,不仅改变了辣椒一年一熟的传统栽培制度,还可以在辣椒田中间套种花生、菜豆、黄瓜、甘薯、甘蔗等作物,做到一年三熟或四熟、四季常青,使辣椒生产率提高50%,同时,还增加了其他粮蔬之收成。

在长江以北的大部分地区,过去也一直采用一年一熟制的栽培制度,前茬作物从上年10月上中旬收获后,直到下年5月上中旬才栽植辣椒,一年内有5个月的土地空闲期;采用小麦与辣椒套种、蒜与辣椒套种、洋葱与辣椒套种等一年两熟栽培制度后,把原来空闲的生长季充分利用起来,使复种指数由100%提高到220%。

随着研究工作的深入开展和科技成果的推广应用,充分利用生物物种间的互助关系和耐寒性的不同,以及对空间、时间利用与生育期长短的差异,又将一年两熟的套种栽培,变成越冬菜和辣椒,小麦、辣椒和玉米等三种作物套种栽培,或小麦、越冬菜、辣椒和玉米,大蒜、菠菜、小麦与辣椒,洋葱、越冬菜、辣椒与玉米,洋葱、菠菜、辣椒和小白菜等一年四收以及小麦、瓜类、辣椒、玉米、油料作物一年五套四收的栽培制度,使复种指数猛增到225%～350%,达到粮食作物、越冬菜、辣椒、油料作物、瓜类同年内增产增收的目的。

(二)充分利用土地,提高水肥利用效率

辣椒与粮食、蔬菜和油料作物套种栽培,由于复种指数的成倍提高,可大大地提高土地和水肥的利用率。

原陕西省农业科学院协同陕西省辣椒基地建设领导小组在全省推广普及小麦、辣椒和玉米的间作套种栽培,不仅使辣

椒由一年一熟的传统单作栽培变成一年三熟的套种栽培,引起栽培制度的巨大变革,使 667 米²(1 亩)地提高至 1 334 米²(2 亩地)的产量,而且使辣椒比单一种植增产 30% ~ 50%,还额外增收小麦 350 ~ 500 千克,玉米 100 ~ 150 千克,达到辣椒、粮食双丰收。同时还有效地解决了粮食与经济作物争地、一年两茬栽培争时、有钱缺粮、有粮缺钱等四大矛盾。

之所以能收到这样的效果,是因为不同作物具有不同的植物学特征和生物学特性。例如,根系的结构、生长特点和所需水肥特性有很大的差异,如若利用其互补作用,则可充分利用不同土壤层次不同范围的水肥以及不同时间的土壤和空间。小麦和玉米属禾本科作物,须根发达,分布的耕层较深,辣椒、越冬菜类虽属主根发达的圆锥根系,但入土较浅,大部分根系入土 20 ~ 25 厘米。采用小麦、辣椒、玉米套种栽培,可以充分利用不同层次的土壤养分。再者,小麦和玉米对营养的需求性质属氮素营养为主的作物,对磷、钾元素的需求相对较少,而辣椒是氮、磷、钾三元素需求量大致相同的作物,磷、钾元素的保证供应又是辣椒优质高产、抗病的关键环节之一。因此,小麦、辣椒和玉米间套可以充分利用土壤中的主要营养元素,提高利用效率。

另外,小麦、玉米、辣椒在共生期间有相似需水特性。小麦灌浆期正是辣椒幼苗的田间定植期和玉米的播种期,辣椒苗栽植时所灌的定植水,既能满足小麦灌浆所需,又可保证玉米播种后早出苗、保全苗,真是一举三得,一灌三用,大大地节约了水资源。

由于间作套种作物共生期的生长发育阶段不同,对土壤水肥的利用能力也有差异,自然形成需求中的互补效应。据测定,在辣椒、玉米的苗期,小麦处于生长发育的高峰时期,小麦根系可向辣椒行内伸长到 1.2 米,其主根群集中在 40 厘米范围内,而辣椒套种位置距麦带边行只有 13.3 ~ 16.6 厘米,因此小麦可以有效地吸收利用辣椒行耕层内的水分和养分。而小麦收后,辣椒开始进入较快的生育时期,一方面根系逐渐下伸,同时还向麦带内逐渐延伸,这样小麦、辣椒交替利用水分和营养。由于套种充分利用了地力,使共生期三作物灌水减少 2 次,施肥量减少 25%。同时还增加了作物对土壤的覆盖度,一般可提高地面利用率 60% 以上。又可显著地降低土壤水分的地面蒸发量,从而使灌水量节约 56.89%。

(三)能充分利用和发挥作物间的互助作用

有农谚曰"草木无声却有情,庄稼也有亲和朋"。亲朋不仅友好相处,还可互相帮助,促进事业的共同振兴。社会现象是这样,生物现象也是如此。生长在绿色原野上的作物,都盼望着找到与自己性情相合、相互促进、息息相关的生物做亲朋,以互帮相助,增强抗御自然灾害的能力,向自然索取更高的生产效益。这种关系就是所谓生物间的"互助(补)作用"或"互利共生"效应。现在我国辣椒生产上所应用的辣椒与其他作物的间作套种,是经过选择的具有较高互利效益、较少互抑作用的套种组合。

1. 对光能利用的互补作用 辣椒与其他作物间套种的互助作用,主要表现为对光照强度不同反应中的保护作用。辣椒是光中性作物,光饱和点较低,只有 3 万勒克斯,因此强光照对辣椒生育无益,而玉米属高光效作物,光饱和点为 8 万勒克斯。当辣椒与玉米套种时,高秆的玉米能对辣椒起到遮荫和降低光照强度的作用,既可减少辣椒的病毒病,又能避免日烧病的发生,使辣椒比单种增产 30% 以上,在病毒病严重危害的地区增产高达 100%。而玉米则可得到更加充分的光照,光能利用率得到提高,比单种长得更好。

2. 对热量需求的互补效应 辣椒属喜温性作物,只有在温暖的条件下才能正常发育。辣椒定植期日均气温一般为12℃~14℃,不利于辣椒定植后迅速生根缓苗,采用小麦与辣椒套种栽培,小麦能充分发挥风障保护作用,可使辣椒定植带内的温度提高 2℃~3℃,使辣椒定植后缓苗速度加快。不仅如此,若辣椒单作定植时,天气晴朗,温度较高,定植后的辣椒苗受风吹日晒蒸腾量增大,日均地温较低,容易造成辣椒萎蔫,损伤生机,延迟缓苗。而与小麦间套,小麦对辣椒幼苗可起遮荫保护作用,在中午高温时期,辣椒套种带区内 10 厘米高处的气温比辣椒单种的可降低 2℃左右,这样可减少叶面蒸腾,也有利于加速缓苗。另外,在 7~8 月份高温期,辣椒和小白菜套种,辣椒植株的遮荫可显著降低高温强光对小白菜叶片的灼害,加速叶片生长,使之比小白菜单种生长期缩短4~5天,单产增加 30% 以上。

3. 对矿质营养利用的互补作用 作物种类的不同,对矿质营养成分要求也就不同。第一,粮食作物中的小麦、玉米,蔬菜作物中的菠菜、小白菜,均属氮素营养吸收为主的作物,生育过程中需要氮素量较多;辣椒属全营养型的经济作物,为了提高产品质量,要求更多的磷、钾供应。第二,洋葱、大蒜、菠菜和小白菜根系较浅,辣椒根系较深,它们与辣椒间作套种,可以使土壤不同层次中的养分得到充分利用。第三,花生、菜豆、豇豆均属豆科作物,其根瘤的固氮效应不仅可避免与辣椒间套时对氮素营养的竞争,还可以为辣椒的生育及时提供氮素。同时可起到用地养地和调节土壤肥力的作用。

4. 抵抗自然灾害的互补作用 由于作物种间的生物特

性有很大差异,故对各种自然灾害的反应有所不同。在间作套种的情况下,一般田间复合群体结构良好,间套作物大多比其单种时生长得更为健壮,发育更为良好,抵抗自然灾害的能力增强。加上套种作物间的生物互助作用,不仅增强间套复合群体的综合抗性,同时抗性的互补作用也变得更加明显。例如,陕西省大面积推广应用的小麦和辣椒间套,由于小麦上瓢虫的帮助,使辣椒病毒病的发生率从单种时的80%以上下降到15%~25%。玉米与辣椒套种,使辣椒果实的虫蛀率由8.7%降到4.96%。在发生涝灾的情况下,玉米可使辣椒的死株率由10%减少到2.5%。若遇暴风骤雨的袭击,还可减少辣椒成株期的倒伏株率。同时,还可大大减轻传毒媒介和多种病害对辣椒的危害。孟晓云1983年的实验表明,甜椒和玉米间作,使甜椒上的蚜虫减少90%以上,病毒病降低40%,日烧病降低36%。

5. 株型的互补作用 辣椒间套组合中,经常应用作物种间株型的差异使其发挥生物学互补作用,协调生长发育,起到相互促进的作用。例如,为了充分利用空间,有的常常采用生长期短的越冬叶菜类作物与辣椒间作套种;有的选用植株高大的玉米,较高的小麦,以及矮生的大蒜、韭菜、洋葱,与辣椒间作套种。这样在共生期中,不仅可以充分利用时间和空间,还可达到生态上的平衡和发展。

综上所述,辣椒间套栽培,存在着普遍的生物学互补(助)作用。但是这种互助作用是有选择性的,不是所有的作物与辣椒间套都有互助效应,只有那些与辣椒在植株高矮、根系深浅、植株形态有别,所需要养分种类、光照强度、温度高低相异,对旱、涝、病、虫、草、鼠等自然灾害具有互补共生特性的作物,才能与辣椒组合成间作套种。这样才能充分利用自然资源,取得优异的生产成绩。

(四)可以提高光、热利用率

植物体内的干物质,90%~95%是通过光合作用合成的有机物质。而光是农作物进行光合作用的基本条件和原料,光能及其所产生的热能利用得越充分,利用效率越高,有机物质的积累就越多,作物的产量就越高。据有关资料介绍,在目前的生产条件下,光能的利用率仅为1%左右。据测算,我国华北地区光能利用率若能提高到2.6%,粮食产量每667米^{2}可达1250千克。辣椒及其与其他作物的套种虽然未见具体资料报告,但同理可知,随着光能利用率的提高,单位面积产量也会有大幅度的增加。

辣椒间作套种,充分利用了全年的生长季节,增加了作物的叶面积指数,扩展了植物叶片立体空间的分布,改善了作物群体结构和通风透光条件,能显著地提高作物光能利用效率。华北农业大学在河北省石家庄地区测定:玉米一年一熟,光能利用率为0.6%;小麦、玉米复种两熟栽培,光能利用率为0.95%;小麦、玉米、高粱三种三收,光能利用率达1.65%。辣椒的各类合理的套种组合,虽没有具体光能利用率的测定,但是单位面积产量成倍地增加,是光能利用率提高的表现。

例如,小麦与辣椒、玉米,辣椒与洋葱或大蒜、韭菜,辣椒与花生,辣椒与小白菜,辣椒与架豆(包括菜豆和豇豆)等的二作物套种;以及小麦、辣椒与玉米,大蒜(或洋葱)、菠菜与辣椒等三作物梯阶套种,使作物的叶片在空间呈上下几层分布,能更好地利用阳光进行光合作用,提高光能利用效率。由于作物间作套种,在构成的复合群体内分层、分时、交替地反复利用光,从而把单种群体的单面受光转变成间作套种的多面立体受光,因此,间作套种可以经济地利用有限的光能,提高光能利用效率。相反,在作物单作的情况下,作物的生长发育比较一致,生育前期植株矮小,叶面积不大,绝大部分光漏在地上;生育中后期,植株长大叶片郁闭封行,大部分阳光被上层叶片吸收和反射掉,使中下层的叶片受光微弱,因而光合效率和光能利用率很低,致使下部叶片过早黄枯脱落,生长发育受到相应的抑制反应,降低单位面积和单位时间及空间的生产效益。

辣椒间作套种对光能利用率的提高是由于间套群体提高了复种指数,增加了单位面积上有效的叶面积,增强了复合群体内的光照强度,延长了光照时间和提高了光合效率。但是辣椒与高秆作物植株的间作套种却降低了辣椒群体内的光照强度。据庄灿然、谭根堂(1989~1990)和张萍、刘恒吉测定,辣椒与小麦间套,辣椒和玉米间套,辣椒和架豆类间套,辣椒获得的光照强度分别比单种时的光照强度依次减弱26.09%、57.5%和9%~12%。张萍和刘恒吉的生态调查还表明,与豇豆间作套种的辣椒同辣椒单作相比,生育前期叶片数多1.5片,当辣椒植株进入旺盛生长阶段(即开花结果后),豇豆长高爬架,对辣椒的遮荫度逐渐增加,而辣椒株高却比单种高10~15厘米,叶片多20~25片,分杈多12个,坐果率提高50%以上,单产增长1倍。由此可见,间作套种栽培适当减弱光照对提高辣椒光能利用率是有利的。这种生物学特性在选择辣椒的间作套种组合时,应当充分注意。

(五)改善通风透光状况,提高二氧化碳利用效率

作物进行光合作用需要二氧化碳作原料。作物群体产量的高低与群体内二氧化碳浓度直接相关。增加群体内二氧化

碳的浓度可提高作物的产量,反之,会导致作物产量的降低。作物产量形成过程中,要消耗大量的二氧化碳。据计算,普通作物每天每平方米如果按照合成 20 克碳水化合物计算,就需要 29 克二氧化碳,相当于 50 米^3 空气里的二氧化碳的含量。这些二氧化碳有 90% ~ 95% 来自大气,5% ~ 10% 来自土壤。由于光合作用的不断消耗,田间二氧化碳常常不足,限制了光合作用的正常进行和叶片合成效率的提高以及潜能的发挥。尤其是在密植和光照强度增加的情况下,如果没有良好的通风条件,作物群体内就会出现二氧化碳紧缺,影响光合作用进行,从而降低光能利用效率,还对作物生长发育不利。当二氧化碳浓度低于常量值 300 微升/升的 80% 时,一般作物的光合作用就无法正常进行,低于常量值的 50% 时,光合作用就被迫停止。因此,改善作物群体通风条件是增产的一项重要农业工程措施。在现代保护地生产中,为了增加生产效益,常常利用释放二氧化碳气肥的办法增加保护地内二氧化碳的浓度。目前,在大田生产中采用人工释放二氧化碳的办法显然是行不通的。但是,采用间作套种,改善群体结构,则是行之有效的好办法。因为在作物单种时,植株高低基本一致,尤其是封垄后,植株郁密,田间通风条件很差,空气不易流动,近地面层的二氧化碳既被作物上层叶片所利用而减少,又受上层叶片的阻隔不易得到补充。而在间作套种栽培田中,由于不同作物种间的合理组合与配置,致使复合群体内高矮作物成带成行排列,矮秆作物生长的地方,成为高秆作物加强通风的走廊,空气的流动(或风)可以通过这一走廊,将大气中的二氧化碳源源不断地送进复合群体之中,从而使二氧化碳容易得到补充。据庄灿然、谭根堂(1989 ~ 1990)8月 17 日在辣椒和玉米每 667 米^{2}444 株套种田内于 8 时、12 时、16 时测定,当玉米单种田内距地面 1 米高处的风速为 0 时,套种田内的风速为 0.443 米/秒。很显然,间套田比单种田里株行间距加大,光合作用消耗的二氧化碳自然就容易得到补充。

麦辣套种田内,在辣椒生长的前期,麦高辣低套种的麦带与麦带间自然形成了通风的"走廊"。据庄灿然测定,间作小麦后期,上、下部风速平均为 2.08 米/秒,比单种麦田风速高 0.63 米/秒,距地面 50 厘米处比单种高 0.72 米/秒。而且,这种效应的深度可直达整个麦带之中,从而使套种的小麦大幅度增产。据测定,麦辣套种栽培,小麦播种地面积占套种面积的 50%,而得到的产量比单种增加 43% ~ 51%。因为小麦是 C_3 型作物,对二氧化碳浓度的要求较高,补偿点为 60 微升/升左右(玉米为 6 微升/升),若能改善小麦群体通风状况,增加二氧化碳浓度,则对提高小麦产量发挥非常重要的作用。现在小麦组成的套种如麦棉套种、麦瓜套种、麦辣套种、麦葱套种等均获得良好的生产效益,也得到广泛的应用。

(六)充分利用边际效用

所谓边际效用(也叫边行效应、边行优势)就是边行作物比里行作物长得好的现象。充分创造和利用边际效用,已成为当今农业生产中的一项重要生物工程措施。间作套种是科学利用边际效用增加单位面积生产效益的一项重要栽培制度。据实验,麦棉套种,小麦边行每穗平均 42 粒,千粒重为 42.5 克,里行每穗平均 24 粒,千粒重为 40.1 克,边行比里行增产 50% ~ 85.6%。另据张明亮、杨春峰 1989 年报道,陕西关中地区麦辣套种栽培表现出明显的边际效用。在 1.35 米套种带幅内种 6 行小麦时,边际效用值高达 230%。同时套种小麦的产量比单种小麦产量没有明显的减少,产量的保证率达 91.76%。产量保证率的提高,充分表明套种栽培能大量形成并充分利用边际效用,达到增产增值的目的。

为什么间作套种会产生明显的边际效用呢?通过前述间套优越性的分析可知:边行不仅光照充足,光合作用进行得更快更好,而且空气容易流动,二氧化碳能源源不断地得到供应,从而促进碳水化合物的生成。边行水、热状况和田间气候也比田块中间更适宜作物的生长发育,继而引起边行优势效应。

间作套种栽培,虽然能充分发挥边际效用的增产作用,但也不是各种套种作物的边行越多越好。如若边行增多,各种间套作物的种植带就要变得更窄,过窄的间套带不仅影响田间农业机械化操作,也有碍正常的田间人工作业,同时,也不一定能形成良好的套种群体结构,以致影响某种间套作物的生长发育。例如,0.75 米的麦辣套种带幅内种植 4 行小麦,须留 0.3 米空带套栽辣椒,虽然套种小麦的产量与单种相比保证率高达 105.77%(张明亮等,1989),不但不减产,还比单种略有增产,但是预留的辣椒带过窄,在小麦收获前套栽的辣椒缓苗成活率低,植株生长黄瘦,发育素质差,容易感染病害,单位面积的生产力仅为合理套种的 66.7%,同时栽后管理也非常困难,更谈不上农业机械进行作业。因此,间作套种栽培在对各种套种作物进行套种配比结构设计时,既要尽量创造和利用边际效应,充分发挥增产、早熟、抗病的作用,同时还要考虑复合群体中,各种作物间能充分发挥生物学互相作用和农业机械作业与田间手工管理的方便。

(七)可以提高抗衡自然灾害的能力

20 世纪 80 年代前期,由于我国森林和农田基本建设破坏严重,土壤深耕和有机肥料施用量减少,土壤环境日益恶变,不仅草、虫、病、鼠四大灾害猖獗,旱、涝、冻、热、风、雹等自然灾害也日益频繁,农业受灾面积、受灾程度逐渐增加,严重威胁着农业生产的高产稳产。因此,增强农业生产抗御自然灾害的能力,确保农业可持续发展,是今后农业生产发展中必须着力考虑和解决的重要问题。实践表明,科学的间作套种栽培,是提高抗御自然灾害能力的重要综合措施之一。因地制宜的科学间套,能够防止与减轻各类自然灾害对农作物的伤害。

自1987年以来,原陕西省农业科学院协同各级领导在全省17个辣椒基地县全面推广麦辣间作套种,每年套种面积平均2.67万公顷左右,不仅解决了粮辣争地的矛盾,扩大了小麦面积,使套种小麦产量的保证率在90%以上,而且更为突出的功效是有效地防治了辣椒病毒病的猖獗危害。据报告(1990),在陕西关中川道地区,麦辣套种后,可使辣椒病毒病的发生株率由单种时的76.5%下降到7.93%。1989年以后,陕西省又推广了省农业科学院研究成功的小麦、辣椒、玉米三作物梯阶套种的新成果,即使小麦产量的保证率不变,辣椒产量的保证率达130%～150%,干旱年份高达200%,每667米^{2}还额外增收玉米100～150千克,并使烟青虫对辣椒果实的蛀害率由不套玉米时的8.7%下降到4.96%。在辣椒与大蒜或洋葱套种的田块内,由于生物化学的互助作用,大蒜、洋葱所分泌的化学物质可抑制辣椒土传病害的发生,又对蚜虫有驱赶作用,从而减轻了病虫危害。同时,辣椒和玉米套种还能减少涝害时辣椒的死株率。据庄灿然、上官金虎(1989)调查:辣椒灌水后翌日逢降雨,套种的辣椒死株率平均为2.5%,而没有套种玉米的辣椒对照区死株率为10%,套种使辣椒死株率减少 75%。

另外,辣椒间作套种栽培,可提高叶面积指数,增加叶片对土壤的覆盖度,有减少地面水分蒸发的作用。据张明亮1989 年测定,在套种带幅 1.35 米的情况下,麦辣间套田内土壤含水量为 18.35%,而辣椒单种处理区为 14.29%,套种区的保水力比单种区高 28.4%。这样,既可以减少灌水次数,节约用水,减缓土壤冲刷与板结程度,又可减少与减缓干旱的影响。

众所周知,各种作物的生物学抗御自然灾害的能力是不同的,实行间作套种既能做到一年多种多收,又可保证生产的相对稳定性,即使遇到自然灾害,也是此作物不收彼作物收,上季不收下季收,大灾不绝收,小灾不减产,正常年份保丰收,从而取得抗灾保丰收的主动权。

采取间作套种栽培,由于复合群体内通风透光条件良好,边际效应突出,套种作物生长健壮,发育良好,可增强自身对病虫害的抵抗能力。同时,在间作套种条件下,随着复合群体叶面积指数的大幅度增加,对地面覆盖度的提高,还可有效地抑制杂草生长,减少杂草危害。

(八)有利于调整农业作物种植结构,发展多种经营

随着科技的发展和社会的进步,我国农业生产开始由传统农业向现代化农业转变,加之市场与商品流通的扩展,农业生产的方向已由自给性生产阶段开始向商品生产的阶段迈进。通过农村经济体制的改革,加快了上述的转变和发展,使农业生产获得了迅速的发展,从根本上解决了全国绝大多数农民的温饱问题,但大多数农村尚未达到小康水平。由于我国粮食价值较低,粮食与工业品的剪刀差很大,致使农业生产

的投入与日剧增,而生产的效益却日减,形成丰产不丰收的状况,使农业缺少发展的后劲。为此,国家要求树立大农业的观点,把加强农业发展放在发展国民经济的首位。开展振兴农村经济,着力调整农业生产的内部结构,积极发展多种经营,大力开发高产优质高效农业,已成为主要的战略决策。

由于辣椒优良的生物学特性,使之具有较好的生产稳定性,遇有旱涝等自然灾害的袭击,不容易造成严重的损失,同时,生产效益较高,单位面积产值相当于粮食作物的 2～3 倍。但是,中国是人均耕地较少的国家,若单纯增加辣椒等生产效益较高经济作物的种植面积,必然会使粮油生产面积缩小。目前,在我国存在着人口与人均粮食逆向发展的趋势下,单纯增加生产效益较高经济作物的单种面积是不适宜的。而利用粮食作物与生产效益较高经济作物套种,则是全国关注的发展方向。所以,20 世纪 80 年代以来,间作套种栽培制度迅速兴起。通过间作套种,既不减少粮食、油料、棉花作物的生产,又能迅速增加生产效益较高经济作物的播种面积,提高生产效益较高经济作物在农作物种植业中的比例,已是当前迅速提高农业生产效益、促使农业向纵深发展的战略性技术措施。

辣椒适应性强,对光照反应不太敏感,稳产性较好,生产效益高,同其他作物相间种植,会产生良好的生物学互助作用。这些特性,使辣椒在调整农作物种植结构、实行间作套种栽培中发挥着重要的作用。全国各地推广的麦辣套种、辣椒玉米套种、辣椒花生套种、辣椒豇豆套种、辣椒大蒜套种、辣椒洋葱套种,均证明了辣椒在套种中的重要地位。陕西省每年平均有 4 万公顷左右的制干辣椒田,95% 以上采取麦辣套种或小麦、辣椒、玉米套种,并开始小麦、越冬菜、辣椒、玉米套种,使传统的辣椒一年一熟制,变成一年两熟、三熟或四熟栽培,不仅保证了辣椒不与粮食作物争地,还使单位面积的年生产效益比传统的小麦和玉米粮食作物栽培的产值增加 2～3 倍,比单种辣椒增值 1 倍以上。

(九)促进畜牧业的发展

饲草(料)是发展畜牧业的基础,没有充足的饲草(料),畜牧业是发展不起来的。蛋白质虽然是畜禽生命活动的基础,构成肉、皮、毛的主要成分,而脂肪和碳水化合物作为生命活动的能源也是不可缺少的。辣椒不仅有良好的医疗作用,能提高人体的生理活性和免疫功能,同时辣椒的茎叶和果实还是优良饲料的来源和添加剂。实行辣椒与禾谷类作物、蔬菜作物的间作套种,可以为畜牧业的发展提供更多更好的饲料来源。据北京军区鸡场试验,用辣椒粉做蛋鸡的饲料添加剂,使产蛋量增加 4.6%,质量也有明显提高,而且还有防病、助消化、御寒等功效。陕西省凤翔县田家庄乡的实践证明,用辣椒茎叶粉碎后养猪,与禾谷类秸秆粉碎相比,猪更爱吃,同时疫病减少,体重增长较快。因此,发展辣椒间作套种,有利于农村畜牧业的健康发展。但有个问题需要解决:辣椒茎秆的木质化程度较高,比较坚硬,容易造成粉碎机故障,需要研制适合辣椒茎秆粉碎的机械供应市场。

(十)提高经济效益、生态效益和社会效益

辣椒与禾谷类作物、蔬菜作物间作套种的发展,可以把传统单一生产、单一经营的形式扩大为多种经营,发展了商品生产,并使经营范围与规模迅速扩展。

陕西省是全国辣椒间作套种规模最大及专业化、规范化

程度和商品率最高的地区。全省 95％以上的辣椒田实行间套后,5 年内(1987～1991)增收辣椒干 1 亿千克,小麦 5 亿千克,总计产品增值 8 亿元左右。北京市团河农场采用玉米与辣椒间套后,使辣椒的产量提高 49％,产值增加 50％以上。如果全面推广小麦、越冬菜、辣椒、玉米四作物套种栽培,其经济效益会更高。

辣椒与禾谷类作物间套,有良好的作物种间生物学互助、互补作用。例如,辣椒的病毒病和烟青虫这两种病虫害,基本上靠间套即可使其危害程度降低到阈值以下。这样,既可节约大量的农药投入,又可减少土壤、植体和空间的农药残留和病虫害的猖獗流行,改善农业土壤生态环境,促使生物群落平衡稳定发展。

从农业生态系统的理论来讲,凡是有植物生长的地方,都应当尽可能地把人类所不能直接利用的植物性产品转化为动物性产品,这样才能达到充分利用自然资源和生物资源的目的。在辣椒间套的地区,辣椒除果实、禾谷类作物除谷粒为人类食用外,其根、茎、叶还可作为饲料。通过饲养畜禽的转化,其光合产物中光能的利用率能提高 50％,经济价值至少提高一倍至几倍。同时,畜禽粪便转入农田,既能改善土壤结构和理化性能,又可提高土壤肥力,对维持可持续发展也发挥了重要作用。

陕西省辣椒间套的发展,拓宽了国际市场,促进了国际贸易,冲出了亚洲,扩展到欧美,现出口量与 20 世纪 80 年代相比增长了几倍,已成为陕西关中地区高效节地型作物、农民脱贫致富的法宝和增强农业发展后劲的重要项目,使辣椒由不大引人注目的小作物变成了重要作物。

二、辣椒间作套种的生态反应

我国生产的实践已反复证明：辣椒实行间作套种是抗灾抗病抗虫、高产稳产、增产稳收的一项重要栽培制度。除了套种作物种间共生的生物学互助作用的充分利用外，间作套种所构成的复合群体结构内光照、热量、水分、空气流动等小气候因素的变化，影响着作物生长发育和病原微生物、有害昆虫以及杂草的消长，与此同时，作物对其生存环境也产生一定的生态反应。如若间套作物组合（包括植物种和品种）得当、配比合适、田间配置合理、群体结构良好，就会构成作物与作物，作物与小气候间的相互适应、相互促进的关系，从而产生良好的生态反应。相反，则产生不良的生态反应，作物间产生强烈的抑制作用，病、虫、草、鼠四大灾害也可能猖獗发生。然而，在生产上所推广应用的间作套种，都是经过严格的科学研究和生产实践的反复验证，确认良好的种植类型，一般情况下均能产生优良的生态反应和高产高值的生产效益。现以小麦与辣椒、辣椒与玉米、豇豆与辣椒间作套种的研究结果为例，加以论述。

（一）间作套种群体内的热状况

温度是植物生存的必要条件，它直接影响着作物生长发育的速度和素质。间套群体内，不同层次中的温度也是不一样的。只有温度适宜，间套作物才能良好生育。据庄灿然、谭根堂、上官金虎（1989～1990）研究，麦辣套种所构成的复合群体内的温度状况非常有利于辣椒的生长发育。辣椒生育过程中最适宜的温度为 20℃～24℃，在麦辣套种时期，无论地上部或地下部的温度都稳定在最适范围之中(表 1-1),而单种辣椒群体内的温度在 6 月中旬就超过最适值。据 6 月 15 日至18 日观测:单种田内,地表和地面上 15 厘米高处的平均温度已超过适宜温度 1.9℃。如若到高温季节,单种椒田内的温度则会远远超过生育适温范围。另据霍得智等(1983)报告,甜椒与玉米间作,6～8 月份平均气温降低 2.5℃～3.3℃,10厘米地温降低 3℃～4℃,并使甜椒叶温降低 2.5℃~3.6℃,从而大大减轻高温伤害。辣椒在高温季节里大量落花、落果、落叶的"三落"问题,以及果实日烧病的发生,都是辣椒单种下所产生的高温伤害现象,而麦辣套种的辣椒,或与玉米、菜豆、豇豆套种的辣椒,均少有高温伤害发生。

表 1-1　麦辣套种田的温度状况　(℃)

处　理	15 厘米高度气温	地表温度	5 厘米地温	10 厘米地温	15 厘米地温
套　种	24.6	24.0	22.4	21.6	21.1
辣椒单种	25.9	25.9	23.7	22.7	21.6

另据张明亮、杨春峰(1989)研究,麦辣套种的地温日较差小,平均为 10℃,而辣椒单种田地温日较差为 17.1℃。这表明,麦辣套种田地的土壤温度是比较稳定的,对辣椒根系的发育是有益的。

张萍、刘恒吉(1990)在研究辣椒与豇豆间种的农田小气候时也指出,间种田辣椒种植带内的平均气温比单种低0.2℃～0.3℃,地温低 0.5℃,而平均最高气温低 4.3℃,平均最低气温却高 0.4℃(表 1-2)。这种现象表明,间套比单种的温度变化缓和,高温季节温度偏低,低温时期温度偏高,为辣椒生长发育创造了比较良好的温度条件。辣椒长得根深叶茂,生长健壮,开花多,结果率高,而单种区与此相反,日烧、病毒病发生率较高,"三落现象"严重,致使大幅度减产,单产仅为套种的50%多一点。辣椒和玉米套种的表现也大致相同。

表 1-2　辣椒与豇豆间作与辣椒单种群体温度状况　(℃)

时　间	平均最高气温		平均最低气温		地　温	
	间　作	单　作	间　作	单　作	间　作	单　作
6月16日至8月18日	1815.1	2134.4	1157.7	1141.4	1477.1	1510.3
日平均	28.4	32.7	18.1	17.7	23.1	23.6

(二)间作套种群体内的光照状况

作物中的干物质,90%～95%是光合作用的产物。最大限度地利用光能,提高光合作用效率,是实现农业现代化的重要标志之一。但是,作物种类不同,对光能利用效率也不相同。强光植物需要高强度的光照;弱光性植物在低照度的光辐射下,才能良好生育。辣椒属光中性植物,对光照强度反应不大敏感,较低的光照强度即可促进其生长发育,强光反而不利。据报道,辣椒光饱和点为3万勒克斯,超过3万勒克斯的光照强度对辣椒的生育反而无益。因而,辣椒与高秆作物间套栽培,通过一定的遮荫作用,创建适宜辣椒生育和提高光合效率的光照条件,也是辣椒间套组合选配的基本原则。

麦辣套种的双层结构中,由于群体的结构效应,无论晴天或阴天,辣椒处的光照强度均小于单种。据庄灿然、谭根堂、上官金虎1989年6月15日至18日测定,套种的平均光照强度为16 813勒克斯,单种的平均为22 750勒克斯(表1-3)。

张萍等(1990)对辣椒和豇豆间作的高温期测定,间作的比单作的光照强度减弱9%～12%,二者相差2 000～3 000勒

表 1-3　麦辣套种与单种光照差异　（单位：勒克斯）

处　理	观测时间				
	9 时	12 时	15 时	18 时	平　均
套　种	12000	33667	13834	7750	16813
辣椒单种	26000	36000	19000	10000	22750

克斯。其中，上层（4～5 层果）减少 8%～9%，中层（1～3 层果）减弱 10%～13%。从光照的日变化看，间作的早、晚为 10 000～15 000 勒克斯，中午前后为 30 000～32 000 勒克斯，单种的达 33 000～38 000 勒克斯。朱崇光等（1983）对甜椒与玉米间套田 6～8 月份中午测定，自然光照为 9 万～11 万勒克斯时，间套田仅为 4 万～4.5 万勒克斯。资料表明，高温时期间作光照能维持在光饱和点附近，而单作可超过光饱和点 30 000 勒克斯的水平。由此可见，辣椒与高秆作物间套，有利于构建辣椒生长发育的光照环境。

（三）间作套种群体的相对湿度状况

辣椒对水分反应比较敏感，既怕涝又怕旱。若土壤水分不足或空气湿度较小，都会影响其根系和叶片的生理活性，影响对养分的吸收和运转。然而，空气和土壤湿度适当增加，则可降低蚜虫发生率和减轻病毒病的危害。辣椒与小麦或菜豆、豇豆的套种就能产生良好的湿度效应。

据张明亮（1990）等测定，麦辣套种空气的相对湿度为 81.7%，而单种的仅为 66%。张萍、刘恒吉（1990）的研究也证明，辣椒与豇豆的间种比单种的空气相对湿度也高，晴天比单种高 13%，阴天比单种平均高 5.2%（表 1-4）。

庄灿然 1990 年 6 月 2 日至 3 日对土壤水分蒸发量进行

了模拟测定：套种田每 667 米² 地面日蒸发量为 0.58 吨，单种田为 0.91 吨，单种比套种日蒸发量高 56.89%。9 日 18 日晴天测定，辣椒和玉米套种田每 667 米² 日蒸发量为 0.37 吨，单种椒田为 0.67 吨，单种比套种高 81.1%。张萍等（1990）测定，辣椒与豇豆间作比单种土壤湿度平均高 3%~5%。

表1-4　辣椒与豇豆间套与单种相对湿度比较　（%）

观测时间	间套	单种	间套	单种	间套	单种	间套	单种
9 时		83	77	67	79	71	93	93
11 时	95		74	75	69	59	89	86
13 时	79		76	72	72	50	84	83
15 时	84	79	74	70	69	50	77	73
17 时	87	88	75	71	72	59	83	83
平均	86	83	75	71	72	59	85	84
日期(月/日)	7/17		7/30		7/8		8/4	
天气	阴，午后有 26.7 毫米降水		转晴天后有 2.5 毫米降水		晴		晴转多云	

上述资料显示：辣椒与小麦或玉米、豇豆间作套种，无论晴天或阴天，套种群体内空气相对湿度、土壤湿度均比单种的高，土壤日蒸发量减少。这是由于间作套种田光照不强，复合群体内光、热、水因素适宜，植株生长较快，枝叶繁茂，地面覆盖度提高，加之高秆植株作物遮荫降温作用，土壤蒸发量小，空气湿度大，为辣椒的生长发育创造了良好的湿度条件。

（四）间作套种群体内的通风状况

植物光合作用的主要原料是二氧化碳，增加田间群体内二氧化碳的浓度就可提高农作物的产量。为了保证作物能源源不断地得到二氧化碳,就需要有比较好的通风条件。在间套栽培时,由于田间种植密度加大,覆盖度增高,如若没有良好的通风条件,作物就更感二氧化碳亏缺。研究证明:合理的间套栽培,尤其是矮秆耐阴或对光效应不大敏感的作物与高秆喜光作物套种,田间作物群体内的通风条件和二氧化碳的供应状况,要比单一作物群体内的通风条件和二氧化碳的供应状况好得多。据庄灿然、谭根堂、上官金虎(1990)测定,当自然风速为 1.22 米/秒时,辣椒和玉米套种田内的风速为0.364 米/秒,而玉米单一种植田内的风速为 0。

由于辣椒玉米套种田内通风状况良好,因而套种作物均比单种时生长优良。庄灿然、谭根堂、上官金虎(1990)的研究表明,辣椒和回茬玉米套种田中的玉米,比麦垄点播和麦茬播种的玉米生长速度都快,苗茎粗、植株高、叶量多、叶片大,表现出生长苗壮的株势(表 1-5)。

表 1-5　辣椒与回茬玉米套种的长势表现

种植类型	苗茎(厘米)	株高(厘米)	株叶数	叶长(厘米)
辣椒玉米套种	1.7	43	5	53
麦垄点播	0.6	20.5	4	22
麦茬播种	0.4	16	3	13

在同辣椒与玉米套种结构相似的玉米和大豆套种田块的测定,也获得了相似的结果。无论是边行或行里,风速大约是空旷地的 6% ~ 13%,而单种玉米地里的风速只有空旷地的3% ~ 7%,玉米与大豆套种田的风速比玉米单种田提高 1 倍左右。这对提高套种农作物的产量具有重要意义。

第二章 辣椒与粮食作物套种

辣椒具有对光照反应不大敏感,对氮磷钾三要素相近的要求和生育期较长,具有连续无限结果的特性,以及圆锥形根系的植物学特征。这些生物学性状使辣椒具有适宜间作套种栽培和同禾谷类作物、豆类作物共生的特异优越性。基于这种理论的指导和实践验证的依据,促使我国辣椒的间作套种栽培在较短时间内,有了迅速的发展和提高,并在大农业的协调、稳定发展中发挥了显著的作用。因此,详细地介绍、推广应用辣椒与粮食作物的间作套种,对解决粮经争地,加速农作物种植结构调整,推进我国农业由数量型自给性农业生产,向效益型商品性农业生产发展的进程,均具有积极的作用。对保证国家粮食生产安全,也具有战略性的意义。

一、辣椒与小麦套种

(一)套种组合的特性与优越性

辣椒与小麦组合而成的套种,为辣椒组合套种中最优良的组合之一。

一是小麦为北方地区最为重要的粮食作物,其种植面积很大,若全面实施组合套种,制干辣椒生产不需另占土地面积,既可保持粮食的安全生产,又可满足日益增长的消费需要。

二是辣椒与小麦组合套种对防治辣椒生产过程中的大敌——病毒病具有特殊的生物学功效,这是目前任何农药防治无法达到的效果,既节约了防病投入,又有助于无公害生产的实现。目前,生产上发生的病毒病多为多种病毒的复合侵染,很难用化学农药进行防治,致使培育广谱抗性的品种也难上加难,常常造成各地辣椒生产大幅度减产,减产幅度达30%~50%,高者达80%。但是,采用与小麦套种后,小麦群体内有大量的蚜虫天敌——瓢虫的存在。由于蚜虫是多种病毒病的传毒媒介,当它们被瓢虫大量食杀之后,辣椒患病毒病的概率就会大大降低,从而保持辣椒的稳产和高产。据检测,辣椒与小麦套种栽培后,不需要喷洒任何防病毒的农药,病毒发生率就可降至15%左右,同时,辣椒单位面积产量也比露地单一种植的提高30%~50%。在病毒病猖獗发生的地区可达到50%以上。

三是小麦在生长发育过程中,对阳光的要求较高,它的光饱和点为50 000勒克斯,而辣椒则属于光中性作物,对光的反应不大敏感,非常适宜于间作套种栽培,两种作物组合套种对光照的利用不仅没有矛盾,反而有明显的互辅作用,在其生长期间,小麦可以获得更充分的光照和更良好的通风环境以及良好的边际效益,使小麦比单一种植生长发育更加苗壮。尽管小麦在套种栽培中只占有50%左右的实际种植面积,而获得的产量可以达到近似于100%种植面积的水平。在陕西关中地区,现在单位面积产量一般可达到450~550千克/667米^2。同时,在套种栽培的前期,小麦已经抽穗并开始进入灌浆阶段,较高的小麦群体,对刚移栽于麦田的辣椒苗起着防风、防寒和防强光照射的生物保护作用,使辣椒缓苗速度加快,提高移栽成活率。

四是在需肥特性方面,小麦是以氮肥为主的作物,而辣椒为全营养型的作物,在两种作物组合套种的过程中对主要营养元素的需求具有互补作用,这样对充分利用土壤营养、提高营养利用效率均具有良好的作用。

五是辣椒与小麦套种栽培,在其共生阶段对水分的需求也有共性。当辣椒移栽于套种田时,苗期需要充分而及时的水分供应才能促使辣椒缓苗,需要连灌 2~3 次水,而此时小麦正处于灌浆时期,也需要充分而及时的水分供应,因此,一次灌水就可满足两种作物的需求,达到事半功倍的效果。

六是辣椒连续在同一块地上种植,存在着连作障害问题。研究证明,禾本科作物是辣椒相当好的前作,不仅可以防治辣椒连作障害,维持辣椒生产的可持续发展,其辣椒田作为小麦的前作,也可获得更高的生产水平。

七是在无霜期较短、人均土地面积有限的地区,辣椒与小麦组合套种,既可解决单种两茬争时、粮食作物与经济作物争地的矛盾,又可克服粮区缺钱、经济作物区缺粮的问题,从而达到粮经双丰收、钱粮都富足和地效倍增之目的。

八是小麦为我国北方地区种植面积最大、产品需求量最多的作物。单纯发展粮食生产,粮价较低,粮农不容易富裕起来。大力发展经济作物和积极开展多种经营,虽然农民能比较容易地富裕起来,但是粮食生产受到影响,也是一个重大问题,因为粮食已经成为国家的战略物资。因此,必须确保粮食生产,以维护国家粮食生产安全。而发展小麦与辣椒的组合套种,在小麦不减产、辣椒增产的前提下,确保了国家粮食生产,又实现了积极发展多种经营的方针。

(二)套种的配比与结构

辣椒间作套种的结构,主要是指组合成间作套种的作物,以什么样的配置比例和具体的田间布置,构成何种形式的田间复合群体结构。现以原陕西省农业科学院研究和推广应用的麦辣套种为例加以说明。

1. 套种的配比与结构　冬小麦与辣椒的套种栽培,生产上大面积推广的规范化的配比结构是 4:2、5:2 和 6:2 的行数配比结构。就是在 133~140 厘米的套种带幅内,一侧播种 4 行或 5 行、6 行小麦,另一侧栽植 2 行辣椒。小麦收获前的 25~30 天内,将育好的辣椒苗株栽植到事先预留的空带内。在小麦与辣椒共生的时期内,辣椒利用小麦的生物学保护作用,防风避寒和控制病毒病的猖獗危害,小麦借助于给辣椒预留的空带和苗期的空间与地力,充分发挥边行效应大幅度增产,加之麦辣双方在营养利用上的互补作用,共同构成具有高生物学互助型的带式二层复合结构。

2. 套种的形式　又叫套种栽培的田间设计,它是仅次于间作套种配比结构的第二个影响间作套种效果的重要环节。因为田间套种的设计直接影响着甚至决定着田间复合群体结构的生产效益,所以无论是研究者还是生产者都应特别注意。目前生产上常用的麦辣套种形式主要有以下三种。

(1)四比二套种　就是在 133 厘米的套种带幅内播种 4 行小麦,栽植 2 行线辣椒。具体的田间设计见图 2-1。

(2)五比二套种　就是在 133~140 厘米的套种带幅内播种 5 行小麦,栽植 2 行线辣椒。具体的田间设计见图 2-2。

(3)六比二套种　就是在 133~140 厘米的套种带幅内,播种 6 行小麦,栽植 2 行线辣椒。为了充分利用边际效应增产,在套种的带幅内,小麦行数由 5 行增加到 6 行。经庄灿然研究,在保证小麦播种带幅宽度不变的情况下,将小麦行距由传统的 16.6 厘米缩小为 13.3 厘米,套种田内,小麦的单位面积产量有可能提高到 350~550 千克/667 米^2,甚至更高,同时辣

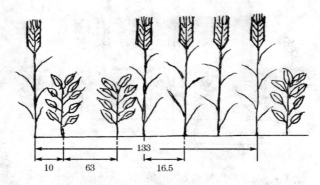

图 2-1　辣椒与小麦 4:2 套种的田间设计 （单位:厘米）

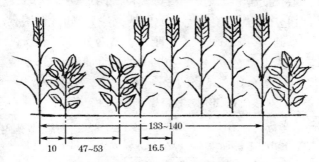

图 2-2　辣椒与小麦 5:2 套种的田间设计 （单位:厘米）

椒的产量不减少。具体的田间设计见图 2-3。

　　上述三种套种形式的最大不同在于套种带幅内小麦套种行数的差异。其原因是这样的:1974 年陕西省岐山县的椒农就试种了 3:2 式的小麦与辣椒套种栽培。由于当时辣椒生产病虫害较少,只是渭河川道地区,有时春季或初夏多雨的年份辣椒炭疽病较重发生,而病毒病尚未形成明显危害,加之当时.人们对套种的认识程度有限,直到 1983 年此种套种组合尚未推广开来,只是在个别村镇少量应用。之后,随着辣椒病毒病

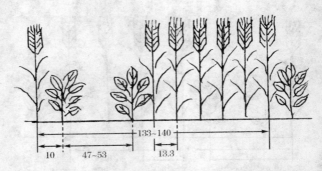

图 2-3　辣椒与小麦 6:2 套种的田间设计　（单位:厘米）

的日益增长危害和土地、粮食与人口之间逆向变化的进一步
发展,引起庄灿然对麦辣套种问题的关注。当时,在调查总结
分析的基础上,提出改 3:2 套种为 4:2 套种。后来经过庄灿
然、谭根堂、上官金虎(1988~1990)的相继研究证实,5:2 套种
比 3:2 和 4:2 套种有显著的增产增值效果(表 2-1)。

表 2-1　不同套种带幅、行比的生产效益

套种带幅 (厘米)	麦辣 行比	小麦单产 (千克/667 米²)	辣椒单产 (千克/667 米²)	667 米² 总 产值(元)	效益 位次	与对照相比 增减产(%)
133	5:2	296	256	1234	1	15
133	4:2	263	256	1105	2	3
120(CK)	3:2	226	256	1072	3	0
75	4:1	281	181	868	8	- 19
150	6:2	297	231	1050	4	- 2
150	5:2	283	229	1032	5	- 3.7
150	4:2	222	223	958	6	- 10.6
167	7:2	289	240	877	7	- 18

　　然而,张明亮(1989)等报道,75 厘米的套种带幅,4:1 麦
辣套种行比的单位面积产量和经济效益最高。但是,庄灿然

验证表明,这种套种带型,播种4行小麦之后,预留的辣椒栽培空带只有25厘米宽,栽植辣椒是非常困难的,实际生产中也是难于实施的。其实际效益在8个套种配比处理中也是最低的。

(三)套种的密度

麦辣套种组合,由于两种作物的生育高峰前后错开,边际效应和生物学互助作用良好,复合群体中的小生态环境优良,能使个体生长发育健壮。所以,该项套种可以通过适当增加密度来保证群体增产增效。经研究和生产验证确定,小麦的播种密度按其品种单种时的适宜密度计算,播种量应增加1/3左右,小麦的播种面积以实际占有面积计算(不包括栽植辣椒所占的面积)。本书中所荐三种不同套种行比的小麦,实际播种量随着行数的增加而增加。辣椒采用穴植,每穴栽3株(繁育种子田2株),穴距依品种而定,陕椒168线辣椒品种穴距26~29厘米,8819和陕椒2001线辣椒品种23~26.4厘米,平均行距66.6厘米,每667米^{2}栽株数陕椒168品种为11 118~11 772株,8819和陕椒2001品种为11 172~14 441株;良种繁育田陕椒168品种为6 912~7 710株,8819品种为7 848~8 894株。

(四)品种选择

麦辣套种主要通过作物种间的生物学互助作用和边际优势而增产增值,所以对套种品种的株型、茎秆硬度和丰产性能要求较高。参与套种的小麦,应当选丰产潜力大、矮秆、叶片上挺、抗倒伏和抗病虫害能力强、熟性较早的品种。辣椒应该选长势健壮、植株紧凑、茎秆粗硬、抗病性强、结果集中、果实商品性状好、成品率高和适应国内外市场需求的品种。具体品种的选择应当因地制宜。线辣椒应选择陕椒 2001 和陕椒 168 品种。

(五)套种的特殊栽培管理

辣椒与小麦套种,在辣椒没有套入麦田之前,按照小麦的常规管理进行。只是在辣椒套入之前,应对辣椒预留空带两侧的小麦行进行培土,使倒伏的小麦站立起来,便于辣椒移栽;同时,也为辣椒移栽至缓苗时的田间灌水做好准备。在辣椒与小麦套种后的共生期间,单纯给辣椒及时灌水即可。到小麦收获后,辣椒已经缓苗,尽早抓紧时间对小麦地进行中耕灭茬,结合轻施一次速效氮肥,促进辣椒苗的生长。

(六)套种的经济效益

辣椒与小麦套种,小麦的单位面积产量基本不受影响,而小麦的子粒更加饱满,出售等级较高,按国家保护价计算,在每 667 米^2 产量为 350 ~ 500 千克的水平时,产值为 518 ~ 740 元。辣椒一般每 667 米^2 产量为 200 ~ 300 千克,在贵州省和新疆维吾尔自治区产量更高,可达 350 ~ 600 千克;产值按常规价 8 元/千克计算,每 667 米^2 产值达 1 600 ~ 3 000 元。两种作物套种每 667 米^2 总的产值为 2 118 ~ 3 740 元。

二、辣椒与玉米套种

(一)套种组合的特性与优越性

辣椒与玉米组合套种也是一种非常好的套种形式。只要调整好共处的比例关系和共处的生育时期,其套种的生物学互助特性和优越性就能突出地表现出来。

其一,辣椒和玉米套种是防治辣椒病毒病和蛀果害虫的一项重要措施,并具有良好的防治效果。但玉米的栽培划分为春玉米、早夏玉米和夏玉米三种不同的栽培形式。不同玉米栽培类型,与辣椒套种时的共生期略有不同,对防治辣椒病毒病和蛀果害虫——烟青虫、棉铃虫、玉米螟的效果也不一样。辣椒一般在田间生长的前期容易被病毒病所侵染,春玉米播种早,生长快,能减少蚜虫传播的病毒病。高温时玉米高大的植株屏障遮荫降温,也能减少病毒病的发生株率。到辣椒坐果期,玉米开始抽雄散粉,烟青虫进入产卵盛期,由于烟青虫喜欢吸食花蜜,大量的烟青虫被玉米株所吸引,并产卵于玉米株上,为集中而有效地消灭烟青虫提供了一条经济有效的途径。鉴于上述原因,目前我国各地所采用的辣椒和玉米的套种组合,绝大多数为春玉米与辣椒的套种组合,只有陕西省各辣椒基地县采用辣椒与夏玉米或早夏玉米的套种组合,其原因将在下面叙述。

其二,辣椒露地栽培时,一般 5 月上中旬移栽,栽植后不太长的时间即进入温度较高、日照强度增强和辣椒、玉米都进入旺盛生长发育时期,除需肥量随之增加外,及时保证水分供应为其生长发育的必要条件。而两种作物共生时期需水特性基本相同,只要按照辣椒的需水特性进行灌水管理就能满足玉米的需求。

其三,玉米在营养需求方面,也是以氮素为主的作物,而辣椒则是全营养型的作物,两作物套种时对土壤营养的利用有一定的互补作用,只要按辣椒的需肥特性进行施肥就可基本满足玉米的需求。

其四，玉米植株高大、根系发达，生育的过程中需水量和叶面蒸腾量均大，如若遇到降雨过多造成田间积水时，玉米可以减轻涝害对辣椒的影响，减少辣椒涝害时形成的死株现象。

其五，玉米为高光效作物，生育过程中需要强光照才能生长发育良好。与辣椒套种时，由于辣椒株矮、占有的面积较大，给玉米留下很多的空间，使玉米接受更多的光照，处于良好的通风环境，与单种玉米相比，所结果穗更大、更饱满。

（二）套种的配比与结构

1. 套种的配比结构　我国现用的辣椒、玉米两作物套种的配比结构，无论是菜辣椒或是制干辣椒基本上是一样的。尽管生产上采用的有 4∶1 和 2∶1 的配比结构，但总的套种玉米株数是一样的。4∶1 套种行数配比中，玉米的行距为 2.4 米，穴距为 1.0 米，每穴 2 株；2∶1 套种行数配比结构中，玉米的行距为 1.2 米，株距为 1.0 米。两种套种配比结构中，每 667 米^2 辣椒田内玉米套种的株数都是 556 株。为了田间管理和辣椒采收的方便，以及实施机械化操作的可能性，辣椒玉米套种配比结构还是以 4∶1 的行数比为宜。根据庄灿然的试验，6∶1 行数配比与 4∶1 行数配比的经济效益比较相近，因此，二者均可在生产上应用。

上述三种套种配比，都是两作物宽、窄形式间套，田间生长一低一高形成带行二层套种复合结构。

2. 套种的形式　辣椒与玉米套种的形式随套种的季节和辣椒品种类型不同而异。以绿熟果鲜食为主的甜辣椒和角形椒多采用春玉米和辣椒套种的形式，因为这对防治辣椒病毒病有着重要的作用。为了提高青椒产量，适宜采用 4∶1 和 6∶1 套种行数比的田间设计（图 2-4，图 2-5），其中大株型品种以 4:1 套种行数比为好，而中株型或小株型品种以 6:1 的套种行数比为宜。在先行辣椒套种，麦收前后再套种玉米的制干辣椒产区，适宜采用 4:1 的套种形式。

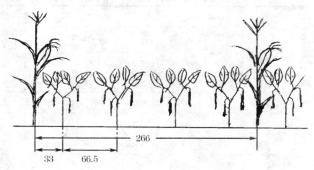

图 2-4 辣椒与玉米 4:1 套种的田间设计 （单位：厘米）

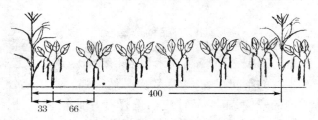

图 2-5 辣椒与玉米 6:1 套种的田间设计 （单位：厘米）

（三）套种的密度

在辣椒与玉米套种时，辣椒的栽植密度和麦椒套种时栽植密度相同，惟独玉米的播种留苗密度，则随着套种的配比结构（如每隔 4 行辣椒或每隔 6 行辣椒套种 1 行玉米）和穴（株）距的不同而变化。研究结果指出，辣椒与回茬玉米以 4:1 的行数比套种、玉米套种行距为 266 厘米的情况下，穴距 67 ～ 100 厘米，每穴 2 株，每 667 米² 套种 400 株、500 株、600 株时，套种辣椒的产量与其经济效益没有明显差异(表 2-2)。

表 2-2   辣椒与回茬玉米套种的生产效益

(宁继学等,1990)

套种玉米株行距(厘米)	玉米密度(株/667 米²)	辣 椒		玉 米		合计产值(元/667 米²)	比对照增值(%)
		产量(千克/667 米²)	产值(元/667 米²)	产量(千克/667 米²)	产值(元/667 米²)		
266×100	400	212.6	552.7	54.7	27.4	580	6.2
266×80	500	211.3	549.3	68.4	34.2	584	7.0
266×67	600	209.0	543.3	82.1	41.1	584	7.0
266×58	700	197.7	514.0	95.8	47.9	562	2.9
单种椒(ck)	0	210.0	546	0	0	546	

(四)品种选择

玉米与辣椒套种,每 667 米² 地只有 400~600 株玉米,每株玉米生存的空间很大,边际效应必然很强。为了充分发挥个体增产的效应,玉米品种应当选择叶片比较直立、抗性较强、丰产潜力很大、熟性较早、果穗较大的杂交种。辣椒品种的选择标准与麦辣套种中的要求相同。具体套种品种的选择应当因地制宜。

(五)套种的特殊栽培管理

辣椒与玉米组合套种,它们的共生期很长,贯穿于整个生育过程。两种作物共生的比例是 4:1 至 6:1 的行数配比,很明显套种组合中是以辣椒的生产为主,因此在田间管理方面,应首先保证辣椒的正常发育。重点应抓好辣椒带土移栽,及时浇水,缓苗以后进行中耕蹲苗,结合轻施 1 次尿素,促使苗子早发。待坐果后及时中耕,给辣椒培土加垄,结合重施 1 次氮磷钾功能性比较齐全的肥料。进入盛花期和盛果期再分别追施尿素 1 次。每次结合施肥进行浇水。玉米基本上不需要另行管理即可获得良好生育。如若争取更高的产量,还可于 7 叶期和 12 叶期分别给玉米加追尿素 1 次。

(六)套种的经济效益

在小麦与辣椒套种的效益计算中,辣椒套种后每 667 米^2 生产效益为 1 600 ～ 3 000 元。在辣椒同玉米的套种中,辣椒的效益与麦椒套种相似。而玉米每 667 米^2 种植平均为 500 株,单株结籽 0.25 千克,每 667 米^2 产 125 千克,产值 150 ～ 163 元。辣椒与玉米套种,每 667 米^2 的总产值为 1 750 ～ 3 163 元。

三、辣椒与小麦、玉米套种

(一)套种组合的特性与优越性

辣椒同两种粮食作物套种,也是最理想的一种套种方式。同辣椒单一种植相比,一年内每 667 米^2 额外增收 525 ～ 625 千克粮食,同时辣椒比单一种植还可增收 30% 以上。这样的套种,对保证我国粮食安全,扩大粮食种植面积,满足日益增长的粮食需求,具有非常重要的作用。并且在粮食产区发展多种经营,增加农民收入,直至脱贫致富达小康会产生重大影响。陕西省的辣椒商品基地生产区早已实现了这个目标。在辣椒套种的优越性中已述,小麦与辣椒套种,小麦对辣椒所产生的生物学保护作用,可以有效地防治辣椒病毒病,而同玉米的套种,同样对辣椒也会产生良好的生物学保护效应,使为害辣椒果实的蛀果性害虫的蛀果率减少43%。如若遇到辣椒田浇水后接着下大雨,套种椒田内辣椒的死株率由不套种的10%下降到2.5%,减少了75%。病毒病的发病株率由单一种植的71.5%下降到7.93%,减轻了88.9%。

小麦和玉米对辣椒的生物学保护作用,还表现在为辣椒生长发育创造更为适宜的复合群体内的小气候环境。辣椒刚套栽于麦田时,正值干旱、多风和气候仍然较低的春季,小麦对辣椒发挥着屏障保护作用,有利于防风、防寒和减少辣椒叶面蒸腾和地面蒸发的效应,使辣椒移栽后能提早缓苗7～10天。另外,辣椒为光中性作物,过强的光照对辣椒有害无益。而辣椒的生育旺盛期正处于高光照和高温的环境,这时套种田内植株高大的玉米恰好对辣椒起着遮荫降温的作用。

小麦和玉米均属禾本科作物,均为辣椒良好的前作。二者共同作用,对防治或减轻辣椒连作障害会产生更好的作用。实际证明,陕西省辣椒商品生产基地生产区,种植辣椒已经有40年左右的连作栽培,而没有明显的连作障害表现,其中最重要的原因就是采取了庄灿然教授主持研究成功的小麦、辣椒和玉米实施梯阶套种的生产模式。

庄灿然教授领导的研究小组在研究小麦、辣椒、玉米梯阶套种时,首先对三种作物不同生长发育阶段的肥水需求特性进行分析研究,然后依其生育过程中有相似需求的生育阶段,设计出三种作物分别套种的时期和共生的阶段,以及有最大生物学互助效应的配置比例与复合群体结构。最终达到田间管理时,抓住主导作物(辣椒)就可达到管一及三的目的。这就是三作物组合套种的最大优越性之一。

(二)套种的配比与结构

小麦、辣椒、玉米梯阶套种方法,是在小麦与辣椒套种和玉米与辣椒套种的基础上研究成功的。它属三作物套种组合。由于玉米套入时间的不同,将其分为两种类型。

第一种类型是小麦、辣椒和玉米梯阶式套种。在小麦收获前25～30天内,于辣椒套栽到预留带前的1～2天,或于辣椒套栽的同时,按株行距要求把玉米点套在辣椒行间,玉米出苗之后,就形成了以玉米为最低台阶、辣椒为第二台阶、小麦为最高台阶、套种行数比为4～6:2:1的梯阶式三层复合群体结构。具体田间设计见图2-6。

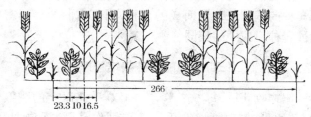

266

23.3 10 16.5

图2-6　小麦、辣椒、玉米5:2:1梯阶式套种的田间设计
(单位:厘米)

第二种类型是小麦、辣椒、玉米分阶段套种。先是在冬小麦田中预留的空带栽上辣椒,麦收后实行麦带浅耕灭茬,而后在麦带处套点玉米,由此形成一块地内先行麦辣套种,后转变为辣椒和玉米套种的三作物两阶段带式二层套种结构。具体田间设计是第一阶段套种(即麦辣套种)与图2-2、图2-3相同,第二阶段套种(即辣椒和玉米)与图2-4相同。

(三)品种选择

三作物套种组合中,小麦、玉米品种选择的原则与辣椒和小麦套种、辣椒和玉米套种相同,只是辣椒品种类型的选择,全国不同种植区差异很大。就全国大多数地区来讲,多选用线辣椒品种8819、陕椒2001、陕椒168等。河北、河南、天津等地多选用来自日本的天鹰椒品种,四川省多选用二金条类型的品种,山东多选用益都椒类型品种。

(四)套种的密度

由于辣椒、小麦、玉米三作物套种是辣椒与小麦、辣椒与玉米套种的基础上组合而成的套种,因此它们的套种密度与前两种套种模式中的相同。

(五)套种的特殊栽培管理

秋作物收获后,每667米² 施5 000千克以上的腐熟有机肥、25千克磷酸二铵和10千克硫酸钾作基肥,深耕细耙,平整地面,按小麦与辣椒的套种带幅133～140厘米宽划好套种带,每套种带幅内播4～6行小麦,4～5行时行距为16.6厘米,6行时行距为13.3厘米,预留空带66.6厘米,准备套栽辣椒。翌年,小麦收获前90～100天,辣椒采用平畦(北方)或高畦(南方)塑料小拱棚播种育苗,并按育苗规程培育壮苗。而后在套种田内预留移栽辣椒的空带处,每667米² 施磷酸二铵15～20千克、硫酸钾7千克和适宜的土壤杀虫剂,耕翻耙平,使靠近麦行边缘的地方形成一小土埂,以利辣椒移栽浇水。小麦收获前25～30天套栽辣椒,先在距两侧麦行13厘米处开定植沟,沟内每667米² 施尿素3千克、硫酸钾3～5千克、磷酸二铵 5 千克,与土壤掺和后,选择无风连晴天气,于下午高温过后移栽。穴植 3 株,穴距 23~26 厘米。随栽随灌水,以利于加速缓苗。

若进行三作物梯阶式套种,可于辣椒栽前 1~2 天,将玉米点播在预留空带中间,穴距 67~100 厘米,每穴施种肥(尿素)20 克。如做回茬玉米套种,应于麦收后尽早浅耕灭茬,浸种催芽后合墒在麦带处中央播种。玉米出苗后注意及时做好防虫保苗工作。三叶期再追施 1 次尿素,之后随辣椒栽培进行管理。

(六)套种的经济效益

在三作物套种中,每 667 米^2 套种田,小麦产值为 518~740 元,玉米产值为 150~163 元,辣椒产值为 1 600~3 000 元。三作物露地套种,每 667 米^2 的总产值为 2 268~3 903 元。

在小麦、辣椒、玉米三作物套种和辣椒同玉米的套种模式中,玉米还可以选择用作鲜食的糯玉米或超甜玉米品种。如若选用这两种类型的品种,其每 667 米^2 产值可提高到 250~500 元。

四、辣椒与甘薯套种

(一)套种组合的特性与优越性

依据国外的经验所知,"没有发达的畜牧业,就没有发达的农业"。甘薯虽属杂粮之一,但其栽培面积名列我国稻、麦、玉米、大豆之后的第五位,是很重要的饲料作物和工业原料。甘薯还具有良好的医疗作用,常食能提高人的免疫力,促进组织醇的排泄,降低心脑血管病的发病率和预防结肠病发生。同时,甘薯生产的经济系数高达 0.7～0.85。其茎叶的产量相当于薯块的 3 倍,且营养价值不低于牧草,所含氨基酸的种类还多于面粉和大米。另外,甘薯还具有良好的抗旱、抗风雪、耐瘠薄和适应性广的特性。因此,发展甘薯与辣椒套种,不仅是一种高产、稳产、高效、抗灾的套种组合,且对平原地区发展畜牧业生产,促进农牧结合,都会产生重要作用。

甘薯还是一种深耕作物,栽培前期的整地和后期的采收都要进行耕翻。加之甘薯生产多为高垄和高畦形式栽培,对改善土壤结构,疏松土层,促进土中有机物的转化和土壤营养吸收,加速根系发育等,都有好处。同时,对辣椒的健康发育和优质、高产也很有利。

甘薯的茎叶发达,单位面积内叶面积系数很高,对土壤覆盖度好,除了不易生草之外,还可以有效降低地面的蒸发作用,有利于保持土壤水分,大大降低辣椒生长空间的空气湿度。这样,正好为辣椒创造一个“土壤湿润、空气干燥”的理想生育环境,无论对其减少病虫危害,或是提高产品质量与产量,均呈现良好效应。

经过近几年来对辣椒与甘薯综合利用研究的进展,这两种作物的综合利用率都在 90% 以上,其副产品茎和叶都是发展畜牧业的优良饲料来源,而畜牧业的发展又会给农业提供大量的有机肥源,因此,对保护农业生态环境,发展有机农业和推进农业的可持续发展,都将产生重要的作用。

(二)套种的配比与结构

在辣椒与甘薯套种地区,如四川、河南多采取春甘薯与辣椒套种,而海南地区以采取秋甘薯同辣椒套种比较合适。在北方,春薯与辣椒套种中,由于辣椒与甘薯都是直到10月下旬或11月上旬才收获完毕,加之甘薯拉蔓后匍匐生长,辣椒向上伸高,致使田间套种的群体结构在配置比例方面没有变化,只是随着生长发育阶段的不同,群体内的个体随着时间而增长。

由于我国南北各地气候差异较大,尤其是降水量和土壤种类与性质的差异,致使辣椒与甘薯套种的配比、结构和栽培形式均有很大的差异。据重庆市农业科学院黄启中(2006)调查研究:四川与重庆地区,在1.2米宽(连沟)的高畦(南方称为开厢)内,于高畦的两边各栽植1行辣椒,而在高畦上2行辣椒之间套种1行甘薯,结果就形成辣椒与甘薯的行数比为2:1的配置比例和辣椒高于甘薯的二层复合群体结构。在河南省的南阳地区,由于年降水量比南方地区少,土壤相对比较疏松,大多采用培垄栽培。随着地膜覆盖栽培的普及推广,辣椒与红薯的套种,也开始实行地膜套种栽培。实行培垄栽培时,可每隔2~4行甘薯套种2行辣椒,形成辣椒与甘薯套种的行数比为2:2或2:4的配置比例。若采取地膜覆盖套种栽培时,在1.86米宽的弧形高畦上,两边各栽1行辣椒,中间的畦背上栽植2行甘薯,形成辣椒与甘薯的行数比为2:2的配置比例。各种套种形式的配比结构和田间设计见图2-7,图2-8,图2-9。

图2-7的套种设计,在充分考虑到辣椒既怕涝又怕旱和容易患发疫病特性的同时,又照顾到了甘薯耐旱怕涝和块茎需要疏松土壤的生物学效应。在整个生育过程中,如若土壤缺水,只从套种的带沟中浇灌即可。这样既能保证辣椒和甘薯高产、优质、防病,同时还可大大减少作物生育过程中的浇水量。如若采用地膜栽培,辣椒和甘薯的产量可以更高,防病

虫害的效果也会明显提高。

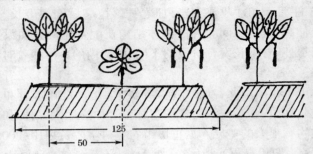

图 2-7　辣椒与甘薯 2∶1 套种的田间设计　（单位:厘米）

图 2-8 的套种设计,辣椒与甘薯都采取垄作栽培。由于辣椒需要灌溉,在给辣椒做垄时,应适当镇压,用锹拍实,以防灌溉时跑水,同时也便于给辣椒追肥和适时采收。

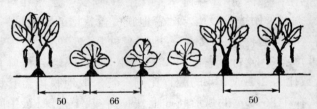

图 2-8　辣椒与甘薯垄作栽培 2∶3 套种的田间设计
（单位:厘米）

图 2-9 为辣椒与甘薯 2∶2 的弧状高畦套种栽培,均以采用地膜覆盖栽培为好,不仅对辣椒与甘薯的早熟性有良好影响,同时对两作物的单位面积产量影响更大,尤其是对甘薯产量的提高作用更加突出。据报道,如若甘薯采用地膜覆盖栽培,其产量的提高可达 70%,实属甘薯生产中值得广泛推广应用的好措施。

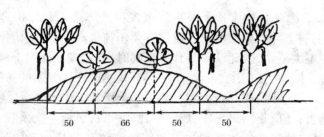

50　　　66　　　50　　　50

图 2-9　辣椒与甘薯弧状高畦栽培 2:2 套种的田间设计

(单位:厘米)

(三)套种的密度

在辣椒与甘薯套种栽培中,采用 2:1 高畦栽培时,辣椒套种的平均行距为 62.5 厘米,穴距为 30 厘米,每穴 2 株,每 667 米^2 栽植密度为 3 872 穴,7 744 株;甘薯套种的平均行距为 125 厘米,株距为 33 厘米,每 667 米^2 栽植 1 628 株。

采用 2:3 高垄套种栽培时,辣椒的平均行距为 110 厘米,穴距为 30 厘米,每穴 2 株,每 667 米^2 栽植密度为 2 025 穴,4 050 株;甘薯套种的平均行距为 73 厘米,株距为 33 厘米,每 667 米^2 栽植 2 779 株。

采用 2:2 弧状高畦套种时,辣椒套种的平均行距为 108 厘米,穴距为 30 厘米,每穴 2 株,每 667 米^2 栽植密度为 2 058 穴,4 116 株;甘薯平均栽植行距为 108 厘米,株距为 33 厘米,每 667 米^2 栽植 1 874 株。

(四)品种选择

辣椒与甘薯套种多在粮食产区实施,不像菜区那样随时可以灌溉,一般多靠自然降水进行生产,尤其是北方产区。因此,在品种选择时应考虑到品种的抗旱特性。

1. 辣椒品种选择　菜用辣椒多在城郊菜区和保护地栽培,而制干辣椒生产由于效益没有菜用辣椒高,所用栽培技术相对不太复杂,因此辣椒与甘薯套种时,首先应选择制干辣椒品种。同时,还应注意所选品种具有紧凑或比较紧凑的株型,叶色较深,叶量相对较大,对果实的覆盖度好,以减少日烧病的危害;还应是结果集中,成熟期比较一致,可行一次采收,抗病性、抗旱涝特性较好和加工利用价值较高的品种。如陕椒2001、陕椒168和8819等。

2. 甘薯品种选择　用作套种时应当首先选择短蔓品种。以生产淀粉原料为主时,应选梅七品种。因为甘薯块根肉色的浓淡与其营养价值有密切的关系,肉色越深营养价值越高,因此,作为熟食用时应选择薯块肉质为橘红色、杏黄色或其他肉色更深的品种。如秦薯5号、红心431和秦薯6号。

(五)套种的特殊栽培管理

1. 甘薯　由于甘薯要在地下形成膨大的块茎,其管理的特殊性有以下几点:①选择土壤质地比较疏松、透气性很好的砂壤土、砂质壤土或粉质壤土,并重施基肥,特别是有机肥,而后进行深耕25~30厘米。②采取高畦或高垄栽培,增加松土层深度。③选择壮苗或薯蔓中上段作为扦插苗,容易形成膨大速度快的根茎。④扦插返青后,抗旱中耕除草3次,并结合追施速效氮肥,促使发棵、分枝、拉蔓,使其尽早进入封行期。⑤春薯栽后50~90天即进入茎叶盛长和块根的膨大期,为使其稳长而控制疯长,着重追施钾肥和喷施叶面肥。⑥茎叶生长茂盛期过后,即进入块茎盛长期,茎叶逐渐衰老,此时应加强和适当加重叶面追肥,以保持和延长叶的寿命,提高光合效率,促使块根积累更多的干物质。⑦遇到干旱时应及时浇水。

2. 辣椒 辣椒与甘薯套种多在粮食产区推广。北方产区于2月下旬至3月中旬,利用塑料小拱棚实行灌水等距点播,穴距6.6厘米见方,5月中下旬定植,穴距28厘米,每穴2株。南方产区一般10月下旬至11月上旬播种育苗,3月下旬至4月下旬移栽。辣椒移植前同甘薯一样要做好土壤培肥准备,移栽后,应在现蕾期、门椒坐果期、盛花期和盛果期追施速效氮肥和钾肥,并结合喷药防病治虫,喷施尿素占0.4%、磷酸二氢钾占0.4%~0.6%和80~160毫克/千克亚硫酸氢钠的复合液3~5次。生长过程中如遇干旱须给辣椒沟内及时浇水。坐果前适当控制浇水进行蹲苗。进入成熟期后,也应控制浇水,促使果实转红。作为鲜食或酱用时,可于红熟期分次采收。用于干制时可行一次采收。

(六)套种的经济效益

辣椒与甘薯套种一般每667米^{2}产辣椒1 200千克,产甘薯1 500~2 000千克。在重庆和四川等地,每667米^{2}辣椒的产值为1 800元,甘薯为750~1 000元,两作物套种合计产值为2 550~2 800元。

五、辣椒与玉米、大蒜、小麦套种

玉米、大蒜、辣椒套种是陕西省兴平、武功两县的经验。此种套种形式经济效益很高,辣椒和大蒜又都是外贸商品,因此,这种套种栽培形式备受当地农民欢迎。但进入20世纪80年代后,随着辣椒病毒病危害的日益严重,辣椒生产不仅产量下降,而且质量越来越差,辣角短而弯曲,商品性状不良,出口困难。究其原因,主要是由于大蒜与辣椒套种,虽有防治土传性病害的效果,但没有防治病毒病的生物学互助效应造成的。庄灿然根据自己过去试验的经验,将原来的玉米、大蒜、辣椒套种改为玉米、大蒜、小麦、辣椒四作物分阶段套种,从而增强了套种群体的生物学互助防治病虫效应,改善了辣椒产品的商品性状和内在产品质量,较大幅度地提高了生产效益和延长了优良辣椒品种的使用期。

(一)套种组合的特性与优越性

玉米、大蒜、小麦、辣椒四作物套种,跨越一年半时间,历经三个套种阶段,构成三阶段三次套种组合。第一次是玉米和大蒜(或蒜苗)套种,第二次是大蒜和小麦的套种栽培,第三次是大蒜、小麦和辣椒的套种。如若在小麦收获后再稀套种一些玉米,当然这是没问题的,又可形成第四次辣椒和玉米的套种栽培。

这种不同植物中按生物学特性的互补实行套种组合,按照生长发育阶段的互相保护作用进行分阶段套种,使该项四作物组成的系统性复合群体结构具有很多的优越性。

1. 可以错开生长发育高峰,充分利用生物学互补效应 在适宜玉米生育、不适宜大蒜生育的高温时期,将大蒜套种于玉米行间,利用玉米的遮荫降温和大蒜苗期生长缓慢、对生育条件要求不严的特性使其共生。在辣椒移栽时,气温尚低,有时中午气温猛升,均对辣椒加速缓苗不利。但与小麦套种后,小麦对辣椒具有防风避寒、遮荫降温的作用以及防治蚜虫传播病毒病的效应。同时,大蒜与辣椒的共生,还具有预防辣椒花前病虫害的功能。

2. 可以改善复合群体通风透光状况,提高光合效率 此项多作物复合套种,充分利用小麦、玉米高秆禾谷类作物和辣椒套种,可以形成依次排列的通风走廊,可显著地增加复合群体中的通风量,当自然风速为 1.22 米/秒时,玉米单种群体内的风速为 0,而辣椒和玉米套种田内的风速为 0.443 米/秒。另外,玉米是高光效作物,在辣椒、玉米套种群体内,它不仅可获得更多的直射光,同时还可利用辣椒叶层形成的反射光。而辣椒属光中性作物,强光照射对其生育不利,在玉米和小麦的保护下,能利用适宜的光强进行良好的生长。

3. 可以极大地发挥生物学防病治虫的作用,促进无公害生产进程的发展 玉米、大蒜、小麦、辣椒四作物组合套种,其中有三种作物对辣椒都有防治病虫的作用。大蒜中含有白色油脂性液体硫化丙烯和大蒜素,均有较强的杀菌作用和一定的驱蚜效果。在大蒜、辣椒套种区,庄灿然调查发现,该区与小麦、辣椒套种区相比,辣椒的死株现象不大明显,这与上述物质对土传性病害有一定的防治效果相关。据有关专家对130 种植物试验后证明,大蒜的挥发性物质对晚疫病有抑制作用。另外,经庄灿然改进后的复合套种组合,在原农民蒜辣套种的基础上,增添了小麦、玉米与辣椒分阶段套种,使小麦防治辣椒病毒病和玉米防治辣椒蛀果害虫烟青虫的效应大大增强,辣椒病毒病的侵染株率由 80% 降为 20% 左右,同时,辣椒的单位面积产量和产品的商品质量均有大幅度的提高。

4. 可以达到优质高产高效益 该套种组合包括两种粮食作物和两种高效经济作物。在一年的时间内,每 667 米^2 可产小麦 100 ~ 150 千克,玉米 100 ~ 150 千克,大蒜蒜薹 150 千克,大蒜头 1 000 千克,辣椒干 200 ~ 250 千克。按正常年份市场价折算,每 667 米^2 各种作物的产值为:小麦 150 ~ 225 元,玉米 120 ~ 180 元,蒜薹 240 元,大蒜头 1 400 ~ 1 600 元,辣椒干 1 600~2 000 元,总计 3 510~4 245 元。是单种两料粮食(小麦和玉米)产值 1 169 元的 3~3.63 倍。同时,由于套种的生物学互助防病治虫的作用和改善复合群体内的通风透光效应,不仅使辣椒的产量大幅度增加和商品质量明显提高,也使小麦、玉米的种子发育及其内在营养更加良好。

5. 可以充分利用地力加速创汇农业的发展 玉米、小麦是需氮营养为主的作物,辣椒是氮、磷、钾需求相近的全营养型作物,它们进行组合套种时,可充分利用土壤营养,挖掘土地生产潜力。辣椒和大蒜均是我国大量出口的传统名牌商品,二者套种可更好地发展创汇农业。它们和粮食作物套种在一起,既不额外占地,又积极发展了多种经营,收到钱粮双丰收的效果。

(二)套种的配比与结构

该项套种是四种作物经历三个生育共生阶段四次套种,故称之为多种多收、综合发展的高效节地型栽培制度。其套种配比结构为:第一阶段是玉米和大蒜(或蒜苗)的第一次套种,在 2 行玉米中间套种 2 行(或 3 行)大蒜,形成玉米对大蒜的 1:2 的行数配比和玉米拔起大蒜蹲地的二层覆盖套种结构(图 2-10);第二阶段是秋季玉米收获之后,在其原地播种 2 行(或播幅 17 厘米宽的带行)小麦,翌年形成互相保护、高低交错的带状二层套种结构(图 2-11);第三阶段是在麦收前 25~30 天,将辣椒套栽于大蒜与小麦行间,形成小麦、大蒜、辣椒配比为 2:2:1 和高度依次下降的三梯阶套种结构(图 2-12);第四阶段是大蒜和小麦收获后,每隔 4~6 行辣椒在原麦带处套种 1 行玉米,形成辣椒、玉米行数比为 4:1 的带行二层套种结构(图 2-13)。

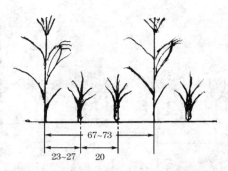

图 2-10　玉米、大蒜套种的田间配置 （单位：厘米）

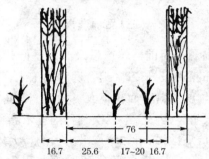

图 2-11　小麦、大蒜套种的田间配置 （单位：厘米）

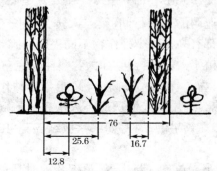

图 2-12　小麦、辣椒、大蒜套种的田间配置 （单位：厘米）

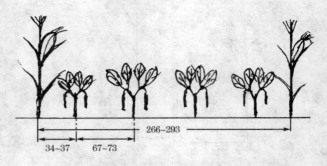

266~293

34~37 67~73

图 2-13 辣椒、玉米套种的田间配置 （单位：厘米）

（三）品种选择

1.玉米品种 目前群体产量最高的是叶片挺举、株型紧凑、果穗较大的品种。第二次组合套种的玉米,每隔 4 行辣椒才套 1 行玉米,所占营养面积很大,每 667 米² 400～600 株,所以边际效应很明显,因此,第二次套种的玉米品种应选择叶片光合功能高、抗病性强、单株增产潜力大的特大果穗型品种。

2.大蒜品种 大蒜在组合套种的过程中,要经过与玉米、小麦、辣椒两次共生套种。第一次是在高温时(7 月下旬)套种于被覆盖遮荫的玉米行间,第二次转为生长于小麦的套种带间。两次都有高秆和中秆作物不同程度的遮荫。生长后期辣椒又要定植于大蒜的行间,如大蒜熟性较晚,有碍辣椒苗期生育。因此,为了保证大蒜高产,又能与套种作物良好共生,大蒜品种应当选用对光照反应不大敏感、抗病性强、耐高温、产量高和熟性较早的品种,如蔡家坡红皮蒜、山东苍山大蒜、改良蒜等。

3.辣椒和小麦品种 与小麦、辣椒套种时品种的选择相同。

(四)套种的密度

第一茬夏玉米的种植行距 66.6 厘米,株距 33.3 厘米,每 667 米^2 种植 3 032 株。玉米的行间套种 2 行大蒜,大蒜行距 33 厘米,株距 14 厘米,每 667 米^2 种植 14 500 株。秋季玉米收获后,在其原位播种 2 行小麦。第二年春季在每隔 2 行大蒜之间栽植 1 行辣椒,辣椒行距 66.6 厘米,穴距 26.6 厘米,每穴 2～3 株,视土壤肥力而定,高肥力田块每穴 2 株,一般为 3 株,每 667 米^2 栽植 7 537 株或 11 305 株。小麦收后在小麦茬地处每隔 4 行辣椒套种 1 行玉米,行距 266.4 厘米,穴距 70～100 厘米,每穴 2 株,每 667 米^2 种植 502～718 株。

(五)套种的特殊栽培管理

先一年麦收后,按 66.6 厘米行距播种玉米,7 月下旬至 8 月上旬玉米中耕培垄后,在玉米行间栽种 2 行大蒜,株距为 13～14 厘米。种蒜后,按玉米的生长发育需求进行田间管理。玉米收获后,在其原处深挖灭茬,并按 16.7 厘米的播幅播种 2 行小麦,也可在 16.7 厘米的播幅内撒播小麦。此后的管理以大蒜为主进行。翌年小麦收获前 25～30 天内,将育好的辣椒苗套栽于麦带与蒜行之间。栽前顺沟施移栽肥,栽后及时灌水。大蒜和小麦收获后,浅耕灭茬,于小麦行处,每隔 4 行辣椒套种 1 行玉米,穴距 70～100 厘米,每穴留苗 2 株。此后的肥水管理和病虫防治,按照辣椒作物的生长发育需要进行。

(六)套种的经济效益

在一年半的时间内,收获 5 次,先一次每 667 米^2 收获玉米 500 千克,产值 600 元。翌年每 667 米² 先收获小麦 100～150 千克,产值 150～225 元,再收蒜薹 150 千克,产值 240 元,蒜头 1 000 千克,产值 1 400～1 600 元,最后收获干辣椒 200～250 千克,产值 1 600～2 000 元,玉米 100 千克,产值 120 元。5 次套种共收获粮食 700 千克。5 次收获产品总产值每 667 米² 达到 4 110～4 785 元。

第三章　辣椒与蔬菜作物套种

辣椒本身就是一种生产效益较高的经济作物,而蔬菜作物有"一亩园十亩田"的经济效益,因此,辣椒与更高经济价值的蔬菜作物套种,其单位面积的生产效益,要远比辣椒与粮食作物套种高得多。但任何产品和市场容量都是有一定的限度的,如若套种的蔬菜供过于求时,也会极大地影响其经济效益。再加之蔬菜属技术性较强的作物,在不具备基础设施和技术水平的地方,即使采取辣椒与蔬菜套种也难获得较好效果。因此,可否采用辣椒与蔬菜作物套种,应依自身的条件,因地制宜,按市场需求而定。

一、辣椒与菜豆(或豇豆)套种

(一)套种组合的特性与优越性

辣椒与架菜豆或豇豆的套种也是一种具有高生物学互助作用和高效生产的一种套种组合。这两种作物套种,除了具有人们通常认识的"用地养地"的作用外,菜豆的分泌物对茄科和葫芦科植物还有良好的促进作用。而豌豆尽管具有比菜豆多得多的根瘤,但不具备这种效应。辽宁省丹东市蔬菜研究所李学文(1990)报道,芸豆、豇豆与辣椒套种还有防蚜作用。如果拿菜豆与豇豆相比的话,菜豆的效果比豇豆更好。近年来,东北地区成功地研究和推广了菜豆或豇豆与辣椒的间作套种,使青椒的产量比单种增加 1 倍(张萍、刘恒吉,

1999)。

(二)套种的配比与结构

辣椒与菜豆套种,既可以选用矮生菜豆,又可以选用搭架菜豆。据前苏联资料介绍,矮生菜豆与茄科作物和葫芦科植物套种比蔓性菜豆更具良好作用,这就构成辣椒与矮生菜豆的套种组合。然而,为了改善套种群体的小气候环境,尤其是防止高温、强光对辣椒生长发育的伤害和抑制辣椒病毒病的猖獗发生,采用辣椒与搭架菜豆套种,在生产中更有广泛实用价值。因为矮生菜豆单产较低,所以目前生产上大多选用高架菜豆与辣椒套种。

在生产上,青椒比菜豆或豇豆有更高的生产效率,所以,保证青椒在套种中优势面积或高的套种行数比,自然是良好的选择。当前,我国东北地区辣椒与菜豆或豇豆套种的行数比为 4:2 或 6:2,这样就形成一低一高带式二层结构,或低高错落的宽、窄带二层复合结构(图 3-1)。这既有利于改善菜豆或豇豆群体的通风透光状况,提高生产效率,又有利于菜豆或豇豆保护辣椒免受暴风骤雨袭击和强光高温的伤害。据报道,套种作物行向也会影响群体的结构效应,南北行向无论对改善群体通风透光或保持土壤水分、提高空气湿度方面,均比东西行更具有良好作用。具体田间套种设计见图 3-1,图 3-2。

(三)品种选择

菜豆或豇豆与辣椒套种,具有生物学用地养地和促进辣椒生育的效应,又具有物理学和气候学的保护作用。因此,菜豆或豇豆品种的选择,应充分考虑到品种是否具备这些特性和作用,以及农艺性状的优劣。

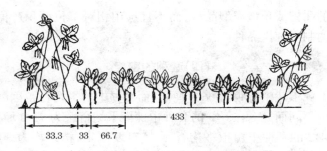

图 3-1　辣椒与菜豆 6:2 套种的田间设计　（单位:厘米）

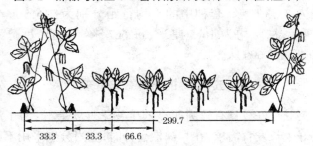

图 3-2　辣椒与菜豆 4:2 套种的田间设计　（单位:厘米）

1.菜豆品种的选择　菜豆的田间生长期一般比辣椒短。为了发挥菜豆对辣椒的促进保护作用,应当选择生育期较长、长势强、叶片肥大、耐热性好、连续结荚性强、肉厚、耐衰老和丰产潜力大的品种,如丰收 1 号、肉豆王、秋紫豆、日本白花等。

2.豇豆品种的选择　与菜豆品种的选择要求相同。适宜的品种为之豇 28-2、红嘴雁、罗裙带等。

3.辣椒品种的选择　全国各地辣椒品种很多,各地应根据实际选择具有抗病毒病、疫病和炭疽病力强,株型比较紧凑,结果比较集中,熟性较早的品种。辣椒与菜豆套种一般都在蔬菜生产基地实施,因此应根据市场的季节需求,选择相适应的甜椒或角椒类型品种,而不宜选用相对单位面积产值较低的制干辣椒品种。

(四)套种的密度

辣椒栽植行距为 66.6 厘米,而套种中的平均行距因配比结构不同而异。在 6:2 的套种中辣椒平均行距为 72.2 厘米,在 4:2 的套种中辣椒平均行距为 74.9 厘米,株距均为 30 厘米,每 667 米^2 栽植密度分别为 3 032 株和 2 965 株。菜豆栽种行距为 33.3 厘米,套种中的平均行距分别为 216.5 厘米和 150 厘米,株距均为 16.5 厘米,每 667 米^2 栽植密度分别为 1 869 株和 3 690 株。

(五)套种的特殊栽培管理

菜豆与豇豆具有较为明显的生物学性状差异,为了满足其良好生长发育需求,在和辣椒套种时,应当分别采用不同的栽培技术。

1. 菜豆与辣椒套种栽培技术 菜豆的生物学活动温度较辣椒低,播种和育苗时期较早。当 10 厘米地温上升到 10℃时,即可播种。由于菜豆是不耐移栽的作物,通常生产上以直播为主。为了促进早熟,近年来,在城市郊区育苗移栽也有一定的发展,可提早 10~15 天成熟。育苗时为了保证根系不受损伤,应当采用纸钵或营养土块育苗。定植前,套种田应施入充足的迟效与速效相结合的全营养型基肥。当幼苗第一对基生真叶或第一个复叶展开、气温稳定通过 12℃时开始定植。在预留的定植带(畦)中,按行距 33.3 厘米、穴距 16.5 厘米栽植。每个套种带幅内移栽 2 行,占地 33.3 厘米,预留空带,准备继栽 4~6 行辣椒。在水肥管理上,菜豆与辣椒具有相似的要求。农民总结出来的"干花湿荚"经验,正符合其生长发育过程中不同生育阶段需水特性。在苗期和初花期均应控制灌水;进入结荚期,营养生长和生殖生长齐头并进,开始进入旺盛生育期,为了促进生长和发育,应当及时灌水和追肥。

2. 豇豆与辣椒套种栽培技术 农谚曰:"豇豆直播拉蔓长,育苗结籽多。"表明豇豆育苗移栽具有结荚多、着籽多和豆角品质优的特性。因此,二者的间套,豇豆还是以育苗或短期浸种播种为好。育苗或移栽要求与菜豆相同。然而,豇豆的耐热性和耐旱性均强,故有"旱豇豆涝小豆"的农谚流传,即使是 35℃以上高温,只要土壤含水量适中,也可正常生长。"伏歇"现象是豇豆对高温的生物学反应。夏季入伏后,随着温度的升高,开花结果减少,生长缓慢,如管理不当,容易产生早衰现象。因此,进入高温伏期,应当加强水肥管理,连续追肥,勤轻灌水,最大限度地保护叶片光合功能,促进侧枝萌发;但应打掉第一花序之下的侧枝,其上的侧枝要及时摘心,仅留 1~3 节使之形成花芽,开花结果。这是陕西省耀县农民创造的豇豆高产的宝贵经验。辣椒和菜豆、豇豆对水肥具有相近的生物学反应,套种栽培管理可同步、同质、同项进行。只是套种中,辣椒占的比例大,占地面积较多,再加上甜椒或角椒多为采收商品成熟果上市,而不是生物学成熟果供应,它们的单位面积产量高达 3 000 千克/667 米^2。另外,采收的次数多,基本上每周可收 1 次。为了高产和速生,应当每采收 1 次施肥灌水 1 次。7~8 月份高温季节,应保持地面见湿见干,同时,每隔 7~10 天喷 1 次 180~240 毫克/升亚硫酸氢钠液抑制辣椒的光呼吸作用,能显著提高辣椒的产量。

(六)套种的经济效益

辣椒单产为 2 500 ~ 3 000 千克/667 米^2,产值一般为 2 500 ~ 3 000 元;套种的菜豆只占套种面积的 1/13 和 1/9,单位面积产量为 187 ~ 271 千克/667 米^2,产值为 261 ~ 379 元/667 米^2。套种总产值为 2 761 ~ 3 379 元/667 米^2。

二、辣椒与甘蓝套种

(一)套种组合的特性与优越性

辣椒与甘蓝套种多为春甘蓝与辣椒套种。因为春甘蓝多为早熟栽培,经济效益高,加之生育期短,4 月下旬至 5 月上中旬即可收获,二者的共生期只有 10 ~ 20 天。栽培前期以甘蓝的生产管理为主,后期着重于辣椒的生产管理。在不太影响辣椒生长发育又保证春甘蓝正常生产的前提下,在辣椒生产的前期增收一茬春甘蓝,使一年一季作改变为一年两季作的栽培。同时,还能增加蔬菜春淡季供应数量与花色品种,单位面积的生产效益也有显著提高,一般每 667 米^2 可比单种辣椒额外增收甘蓝 1 000 ~ 1 500 千克,增加产值 1 000 ~ 1 500 元。

另外,辣椒与甘蓝的共生期内,二者生长发育需要相似的水肥管理,一次管理可达管二之目的。

辣椒与甘蓝既很少有共同的病虫害,又在对土壤营养需求上有明显的区别。甘蓝营养需求以氮为主,辣椒则属全营养型的作物。因此,辣椒与甘蓝套种,尤其是甘蓝作为辣椒的前茬作物,对解决连作障碍问题也有重要作用。

(二)套种的配比与结构

目前,辣椒与甘蓝套种多采取制干辣椒与甘蓝套种。河北省为春甘蓝与簇生朝天椒套种,陕西省为春甘蓝与线辣椒套种。这些套种均为露地栽培。据范妍萍介绍,在河北省利用日本天鹰椒与春甘蓝套种栽培是在塑料中棚内进行的,这种栽培形式甘蓝的熟性会明显提早,生产的经济效益、甘蓝脆嫩品质与口感也会大大提高。

河北省采取日本天鹰椒与春甘蓝套种。套种作物的行数比为1:1。早春甘蓝多为4月下旬或5月上中旬(保护地为4月上中旬)收获,保护地辣椒为4月中下旬栽植,所以辣椒与甘蓝共生期仅有10～20天。由于二者株高差异相对较小,只是甘蓝比辣椒定植苗稍高一些,因此就形成层间差较小的短时间的二层复合群体结构,其前其后分别由春甘蓝与辣椒形成单作物生育的群体结构。

在陕西省,线辣椒与甘蓝套种时,由于线辣椒的株幅比日本天鹰椒大,常采取每隔2行春甘蓝套1行辣椒,这样,在共生期就形成2:1的行数比和层间差仍然较小的短时间二层复合群体结构。辣椒与甘蓝套种的配比结构和田间设计见图3-3,图3-4。

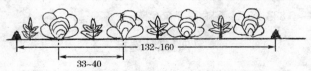

图3-3 日本天鹰椒与春甘蓝套种的配置与田间设计

(单位:厘米)

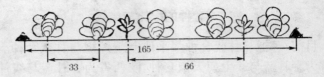

图3-4　线辣椒与早熟甘蓝套种的田间设计　（单位：厘米）

（三）套种的密度

辣椒与早春甘蓝套种时，因套种品种的属性和生育期长短与株幅的差异，其密度有所不同。在早熟春甘蓝与日本天鹰椒套种时，甘蓝的行距为33～40厘米，株距也为33～40厘米，每667米^{2}栽植4 000～6 000株。日本天鹰椒栽植行距40～50厘米，株距15厘米，每667米^{2}栽植8 893～11 116株。在早春甘蓝与线辣椒套种时，由于线辣椒品种类型较多，从植株的形态来分，就有矮小型、直立型、圆紧型、半开张型和开张型等不同类型，它们之间的植株开张度（又叫株幅）差异很大，因此套种时的栽植密度也随之发生很大变化，各地应根据套种品种的植株开张度决定套种时的株行距与田间套种密度。西北农林科技大学与宝鸡市农技中心合作培育和推向全国线辣椒种植区的新品种均为紧凑类型，在与春甘蓝套种时行距为66厘米，穴距为26.4～29.7厘米，穴植双株，每667米^{2}栽3 403～3 833穴，计6 806～7 666株。

（四）品种选择

在辣椒与甘蓝套种中，套种的经济效益与套种品种的选择关系很大，无论是露地套种还是保护地套种都一样。如春甘蓝品种选择不当就会出现未熟抽薹现象，严重时甚至绝收，或者品种熟性较晚，与辣椒共生期拉长，定植后对辣椒苗期生育不利,也会影响其生产效益。因此,套种品种的选择特别是甘蓝品种的选择应当给予重视。

1.甘蓝品种的选择 甘蓝作为春季早熟栽培,在套种时应选择冬性强、耐寒性好、叶球品质优良、产量较高并抗早期未熟抽薹的极早熟品种。这样生产安全,生产效益高,与辣椒的共生期短,对套种的后茬作物生育也有利。目前,适宜选择的早熟春甘蓝品种有中甘 11 号、8398 和最早熟的小金黄等。

2.线辣椒品种的选择 线辣椒的主产区为陕西省、贵州省、湖南省、云南省、四川省、山西省和新疆维吾尔自治区。由于各地的无霜期长短不一,栽培土壤类型差异和生产区地形上的不同,对线辣椒品种的选择有所不同。陕西线辣椒生产区多在能旱涝保收的平地种植,应当选择株型紧凑、结果集中、果实簇生、近自封顶类型以及抗病毒病、疫病和炭疽病的中早熟的陕椒 2001 和陕椒 168 品种。新疆维吾尔自治区的线辣椒种植应选择株型紧凑、果实簇生、结果集中、可行一次采收和熟性中早或早熟的陕椒 2001、陕早红、早秋红和红安 6 号、红安 8 号线辣椒品种。贵州、湖南、四川和云南等省的线辣椒商品生产基地区应选择生育期较长、可连续结果、生产潜力大以及抗疫病、炭疽病和白绢病的陕椒 168 品种。如若在中棚保护地套种,一般线辣椒品种容易徒长,导致枝条变软、节间拉长、植株容易倒伏、结果分散、生育期延长等问题。因此,保护地套种线辣椒应选择植株抗徒长、耐低温弱光、结果特别集中、能集中在市场高价期大量上市的线辣椒新品系陕保 1 号。

(五)套种的特殊栽培管理

辣椒与甘蓝在露地套种的共生期仅有 10~15 天,前期是以甘蓝生产为主。由于甘蓝的耐寒性强,在7℃以下就能正常生长,较大的幼苗尚能耐1℃~2℃的低温,甚至短期-3℃或-5℃的低温仍然能够度过,因此春甘蓝的栽植期较早,在冬末至春初,重霜期已过,土壤解冻之后即可栽植大田。为了增强春甘蓝的抗性和预防未熟先抽薹现象的发生,移栽苗的茎粗不要超过0.6厘米,具有叶片6~8片。栽后应及时浇水1~2次,并随浇水追施以氮素为主的速效肥,以利促进缓苗,增强幼苗抗寒性,促进营养生长,加速发棵,促使包心前的莲座叶尽早形成,同时抑制生殖生长的速度。莲座期应适当控制浇水,进行10~15天的蹲棵处理。待心叶开始抱合时,及时浇水和施肥,促进叶球形成。由于春甘蓝叶球增重快,此期的生长量占整个营养生长期总生长量的70%~80%。所以,春甘蓝结球期应加强肥水管理,除施用氮素速效肥外,还应追施适量的钾肥。

套种后期是以辣椒生长为主,其管理除实行小拱棚内落水等距点播育苗,培育"茎秆粗壮节间短、叶片肥厚颜色深"的壮苗外,移栽后,共生期内基本跟随甘蓝的管理。甘蓝收获后,应中耕灭茬蹲苗。待第一层坐果达2厘米左右后,应结束蹲苗,及时追肥灌水。由于辣椒属全营养型的作物,因此在生育旺盛的盛花期和盛果期应加强氮、钾肥的混合施用,并结合施肥进行灌水,使土壤保持见湿见干状态。另外,结合喷药防病实施叶面追肥。

(六)套种的经济效益

辣椒与甘蓝套种时,两种作物都保持了单一种植时的密度,其产量与效益也基本上同各自单一种植时差异不大。甘蓝一般每667米²产1 000~1 500千克,产值1 000~1 500元。

线辣椒一般每 667 米² 产 1 250～1 500 千克,产值 1 750～2 100 元。两种套种作物合计每 667 米² 年产值 2 750～3 600 元。

三、辣椒与洋葱套种

(一)套种组合的特性与优越性

洋葱具有耐寒喜湿和适应性广的特点,全国各地均可种植,还具有鲜食营养、保健的功能。常吃洋葱有降血脂、降血压、减少动脉硬化的作用。更重要的是洋葱还有抗癌防癌的效用,每天吃 85 克,就可使胃癌的发病率降低 60% 以上。

洋葱与辣椒套种多在粮食生产区进行。两种经济作物单位面积生产的经济效益比单种粮食可以增值 2 倍以上。这对农村产业结构调整,提高生产效益,增加农民收入,均有一定作用。况且,二者的共生期较短,只有 20 天左右。共生期以洋葱正常生产为主,洋葱收后以辣椒生产为主导,不仅没有明显的相互制约现象,而且还有显著的生物学互助效应。洋葱的分泌物对辣椒疫病、青枯病、早期蚜虫等都具有防治作用。同时,对预防和克服辣椒连作障碍与土传性病害也有十分明显的效果。

辣椒的栽培常为一年一熟,实行辣椒与洋葱组合套种后,改为一年二熟的栽培制度,对充分利用时间、空间和自然资源,节约生产投入等,都具有良好的作用。

(二)套种的配比与结构

洋葱的高产栽培密度较大,套种辣椒不大方便,必须对洋葱的群体结构进行调整,把原属等行距的种植结构调整为带状套种,在 70 ~ 71 厘米的套种带内栽植 4 行洋葱,洋葱行距 17 厘米,预留 19 ~ 20 厘米作为辣椒的套种行,这样就形成洋葱与辣椒套种的行数比为 4:1(图 3-5A)。

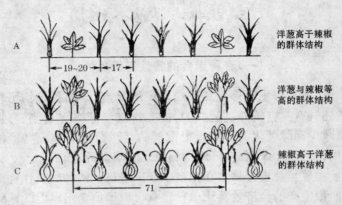

图 3-5　辣椒与洋葱套种的田间设计　(单位:厘米)

　　由于洋葱栽培,除长城以北和新疆维吾尔自治区北部与内蒙古之外,大多数地区采取秋播育苗和秋季定植,翌年 6 月下旬收获,而辣椒露地栽培的定植期多在 5 月上中旬,二者的共生期较短,一般为 30 ~ 40 天。辣椒定植时正值洋葱鳞茎膨大期,植株较高,而定植的辣椒植株较矮,二作物共存,形成了二层复合群体结构。等到洋葱进入鳞茎迅速膨大期时,辣椒已进入营养生长较快的时期。这时辣椒与洋葱株高基本上在同一个层面上,因此,形成单层复合群体结构(图 3-5B)。待洋葱鳞茎膨大后,叶子开始衰老下垂,给辣椒腾出了新的发展空间使辣椒更快的生长,在短期内形成辣椒植株高于洋葱的新的二层复合群体结构(图 3-5C)。这样在辣椒与洋葱组合套种的共生期内,就形成了 3 次群体结构的变化。

(三)套种的密度

在辣椒与洋葱组合套种的过程中,由于洋葱叶子直立和叶数很少,因而洋葱的株体较小,株态直立,栽植密度较大。据原沈阳农学院试验,洋葱高产栽植的行距为 17 厘米、株距为 8~10 厘米时,每 667 米^2 能栽植 36 000~42 000 株,葱头产量达到 3 500 千克。而原华北农林学院密度试验证明,洋葱行距 17~20 厘米、株距 13 厘米时,每 667 米^2 栽植密度达到 25 653~30 318 株,葱头产量为 2 797~3 111 千克。二者均比常规栽植密度(株行距 20 厘米 × 20 厘米)增产 10%~20%。由此,庄灿然认为,在辣椒与洋葱组合套种的套种带幅内,4行洋葱的套种行株距平均以 17.75 厘米 × 10~13 厘米为优,其套种密度每 667 米^2 约为 30 180~38 114 株。

洋葱套种的辣椒多为制干辣椒,其中以辣椒为主,套种行距为 71 厘米,穴距为 24 厘米,土壤肥力较高的田块每穴栽植2 株,一般肥力田块每穴可栽 3 株,每 667 米^2 栽植 3 900 穴,密度为 7 800~11 770 株。

(四)品种选择

在辣椒与洋葱套种的过程中,品种的选择也很重要。它不仅关系到生产的安全性和生产的经济效益,同时还直接与市场需求以及区域性消费习惯相关。由于辣椒与洋葱都是出口创汇的蔬菜,因此,二者的品种选择也会对出口贸易产生直接影响。在保证产品品质的前提下,品种选择对路,就有利于出口和市场的发展与开拓;相反,则不利于出口贸易。上述因素在品种选择时均应注意。

1. 洋葱品种的选择　首先,我国大部分地区多行秋季播种育苗,南方亚热带地区多为秋末播种,暖温带季风气候区大多中秋节前后播种。由于暖温带地区洋葱必须在严冬露地越冬,如若栽培措施不当,像甘蓝一样也会在越冬后出现洋葱先期抽薹现象。其次,洋葱还是一个贮藏期较长、补充蔬菜淡季供应的主要品种之一。第三,洋葱的霜霉病和紫斑病发生比较普遍。因此,洋葱应选择冬性较强、品质较优、耐贮性较好、抗病性较强、产量相对较高的品种。

由于地域消费习惯的差异,对洋葱皮色的要求也不一样,也应在品种选择时给予注意。对于喜食黄皮种的地区,选择黄玉葱和大水桃品种。对于喜食红皮葱的地区,应选择原陕西农科院蔬菜所选育的红皮高桩洋葱和紫皮洋葱品种。

2. 线辣椒品种的选择   现在全国主要线辣椒产区栽培的品种多为西北农林科技大学园艺学院庄灿然教授与宝鸡市农技中心合作选育的适应性广、抗病性强、品质优和产量高的陕椒 2001 高生物钙品种;干鲜两用的陕椒 168 品种和高色素含量的陕早红品种。这三个品种都是可供出口的外贸型线辣椒的主导品种。

(五)套种的特殊栽培管理

在辣椒与洋葱组合套种的过程中,两作物的共生期虽然长达 40 天左右,但没有明显相互抑制的问题。共生前半期为辣椒定植后的缓苗期,气温尚低,洋葱还能帮助定植后尚处缓苗期的辣椒防风避寒,有利于辣椒更好地缓苗和提高成活率,虽然共生后半期辣椒开始进入营养生长为主的时期,植株开始发棵开花,但洋葱已进入鳞茎充分膨大后期,随着温度的升高,日照延长,叶片生长受到抑制,继之叶片不断枯黄衰老下垂,给辣椒发棵腾出更多的空间,以利于辣椒正常发育。因此,辣椒与洋葱套种的栽培管理,前期以洋葱为主,后期以辣椒为主。

洋葱栽培管理的关键,首先是培育好适宜的定植苗龄。当洋葱苗的单株重达 5~9 克,茎粗 0.6~0.9 厘米,生根 3~4 条,发叶 3~4 片,日气温平均达 15℃时定植。土壤开始冻结时,浇足过冬水,结合覆盖马粪,保证定植后能安全越冬,防止先期抽薹发生。越冬返青后为发根盛期,而后进入发叶盛期,为了促使根多、叶多、棵壮,为优质高产打下良好基础,应注意浇好返青水和发叶水,并结合追施速效氮肥。返青后 50~60 天,鳞茎开始膨大,为追肥的关键时期,除追施氮肥外,应配合追施适量钾肥,促使鳞茎持续膨大。为了增强葱头的耐贮性,田间约有 2/3 的植株假茎开始松软、地上部倒伏、下部 1~2 片叶枯黄、鳞茎外部鳞片变干时,应选择晴天收获。收后叶部晾晒 2~3 天后贮藏。

线辣椒的栽培管理与辣椒同甘蓝套种中相同。

(六)套种的经济效益

近几年来,由于各方面的宣传和人们保健意识的增强,洋葱的消费市场不断扩大,市场需求量不断增加,随之而来洋葱的销售价格也逐年升高,单位重量价格由过去的 0.2 元/千克上升到现在的 0.5 元/千克。在单位面积产量(3 000~4 000 千克/667 米^2)不变的情况下,每 667 米^2 产值由过去的 1 200~1 600 元提高到现在的 1 500~2 000 元。如若实施贮藏后销售,每千克售价可达 2 元以上。线辣椒每 667 米^2 产量一般为 1 250 千克,产值可达 2 000~2 400 元。这样,辣椒与洋葱套种每 667 米^2 产值总计为 3 500~4 400 元。

四、日光温室辣椒与黄瓜套种

（一）套种组合的特性与优越性

随着日光温室栽培的迅速发展，提高日光温室利用效率、增强日光温室生产的安全性和可持续发展的问题，越来越引起栽培者和研究者的关注。利用生物种间的生物学互助作用和立体空间的调节利用以及改善生物环境的相关探索正在进行，并取得了一些进展。辣椒与黄瓜的套种就是其中较好的实例。

辣椒与黄瓜组合套种，自然形成一高一矮的复合群体结构，这种结构不仅有利于改善黄瓜单一种植时通风透光不良和群体内过湿的环境，以及由于光照不足而影响光合效率的作用，同时也有利于创建一种更有利于辣椒生长发育所需的光照、温度、湿度和通风的小气候。通过两种作物套种群体结构的改善和群体内小气候的改良，既有利于防治辣椒病毒病、炭疽病，更有利于防治黄瓜花叶病毒病和霜霉病等主要病害。再者，这两种作物对营养元素的需求大为不同，辣椒是全营养型作物，而黄瓜则是以氮素营养为主的作物，二者组合套种，能在所需营养方面产生一定的互补效用。更重要的是，这两种蔬菜的产量都有大幅度增加，产品质量也有明显提高。另外，这两种作物本来就是高产、高效作物，而组合套种之后，两种作物不但没有产生生物学上的矛盾，反而相互促进，从而使两作物的单位面积产量和产值双双增加了30%以上。

(二)套种的配比与结构

辣椒与黄瓜组合套种有 3 种栽培方式:第一种是做成130 厘米宽的南北平畦,中间栽植 2 行辣椒,辣椒行距为 80 厘米,株距为 30 厘米,在每 2 行辣椒之间栽植 1 行黄瓜,形成辣椒与黄瓜的行数比为 2∶1,其中黄瓜只在畦埂上栽植,不另单独占有面积(图 3-6A)。第二种方式是在每两行辣椒中间加栽 1 行黄瓜(图 3-6B)。第三种方式是在原辣椒 130 厘米宽畦一侧接做一个 100 厘米宽的黄瓜栽植高畦,其中栽植 2 行黄瓜,株距 30 厘米,形成辣椒与黄瓜的套种行数比为 2∶2。前两种套种方式,既没有改变套种配比关系,也没有群体结构的根本变化,两种作物组合的套种,仍然是高黄瓜与低辣椒构成的二层复合群体结构。第三种栽培方式不仅栽培畦式由平畦变为高畦,而且栽植的行数比也由 2∶1 改为 2∶2(图 3-6C),群体结构性质仍然没有根本变化,只是结构内涵有所差异。详细套种的田间设计分别见图 3-6A,图 3-6B 和图 3-6C。

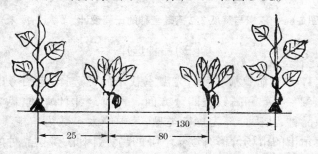

图 3-6A 辣椒与黄瓜 2∶1 套种的田间设计 (单位:厘米)

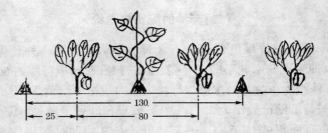

图 3-6B 辣椒与黄瓜 2:1 套种的田间设计 （单位:厘米）

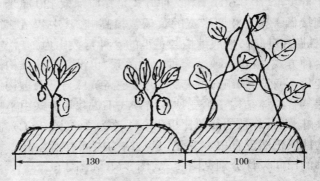

图 3-6C 辣椒与黄瓜 2:2 高畦套种的田间设计 （单位:厘米）

(三)品种选择

1. 辣椒品种选择 日光温室栽培品种选择,应当考虑抗病、高产、早熟和高效益四个方面。目前,全国保护地栽培的辣椒品种,几乎全部为青椒类型,其中绝大多数为角椒类型,致使角椒的市场价格有逐年下降的趋势,因此,辣椒品种的选择应注意品种的新颖性、特殊性和高价值三个方面。庄灿然认为,当前选择稀有的彩色甜椒品种和刚刚育成的适合保护地栽培的线辣椒新品种(系),会有更好的市场前景。这些品种类型的市场平均批发价格为 6～10 元/千克,高的达 15 元/千克。零售价更高,到春节前后有的高达 20 ~ 25 元/千克。主要供应星级宾馆、高薪阶层及一般人群的节日品尝和送礼之用。

(1)彩色辣椒品种选择　目前,最好的灯笼型彩椒品种主要是进口品种。经国内种植实践证明,可供生产选用的品种有:金黄色品种奥林匹亚、黄美人、多米,红色品种红英达、格鲁西亚、佛兰明高、海伦大甜椒、RP2000,紫色品种紫美人。

(2)适合保护地栽培的线辣椒品种选择　实践证明,原来的线辣椒品种在保护地栽培很容易发生植株徒长,严重影响线辣椒保护地生产的发展。自 2006 年起,西北农林科技大学的庄灿然教授同宝鸡市农技中心人员合作培育成功的保护地专用线辣椒品种(系)保线 1 号和陕早红等可供选择。

2. 黄瓜品种选择　日光温室内套种的黄瓜多为冬春黄瓜。此时日光温室内存在着气温低、光照弱、湿度大的生长环境,因此套种的黄瓜应注意选择耐低温弱光,雌花节位低,结成性好,对霜霉病、枯萎病抗性强,品质优良的品种。目前,可供选择利用的品种有津优 3 号、津春 3 号、87-3、长春密刺、新泰密刺、山东密刺等。礼品黄瓜种植者可选择进口品种康德。

日光温室内的冬春黄瓜多为嫁接苗栽培,嫁接时应选择嫁接亲和力和共生亲和力强,嫁接株长势健壮,抗病性强,丰产性好,并能较好保持黄瓜口味和品质的黑籽南瓜作砧木。

(四)套种的密度

在辣椒与黄瓜套种的模式中,辣椒的实际栽植行距为 80 厘米。套种后平均行距为 65 厘米,株距为 30 厘米,每 667 米^2 栽植 3 420 株。而在图 3-6C 高畦套种的模式中,辣椒实际栽植的行距仍为 80 厘米,而套种的平均行距为 115 厘米,株距仍为 30 厘米,每 667 米^2 栽植 1 933 株。

黄瓜在图 3-6A 和图 3-6B 套种栽培的模式中,行距均为130 厘米,株距为 30 厘米,每 667 米^2 栽植 1 710 株,而在图3-6C 高畦套种栽培模式中,黄瓜的栽植行距为 50 厘米,套种的平均行距为 115 厘米,株距仍为 30 厘米,每 667 米^2 栽植1 933 株。

(五)套种的特殊栽培管理

保护地栽培容易产生连作障害和由于大量施用化学肥料容易导致土壤盐渍化。因此,在栽培技术措施上同露地栽培有所不同。

其一,应选择背风向阳、地下水位较低、土壤疏松、灌排水良好的地方实施保护地栽培。套种作物栽植前应结合深翻土壤重施优质有机肥,一般每 667 米^2 施厩肥 10 000 千克,鸡粪3 000 千克,深翻土壤 33～40 厘米。

其二,保护地常因空气湿度过大导致喜湿性病害的滋生蔓延。为了降低湿度,减少灌水次数,保护地最好采用地膜覆盖栽培。有条件的最好改明灌为滴灌。

其三,黄瓜和辣椒的果实采收期,营养生长和生殖生长均旺盛进行,需要较多的水分和养分,应每采收一次就灌水和施追肥一次,但应坚持少量多次的原则。否则,容易导致病害发生和作物徒长,以及盐渍化的危害。

其四,保护地通风换气既可调节温度和湿度,又能补充光合作用所需的二氧化碳,使通风换气成为保护地栽培成败的关键环节之一。通风不良既易滋生病害,又使作物植株生育不良,甚至死亡。辣椒同黄瓜生长发育的最适温度非常相似,均为 20℃～25℃,这个温度就是两种作物保护地栽培通风换气应掌握的标准温度。

其五,辣椒是全营养型的作物,对氮、磷、钾三大营养元素的需求大致相似。而黄瓜则是以氮元素需求为主的作物。在套种栽培时,追肥的施用应充分考虑到它们需求的不同,采取不同的追肥种类和追肥的数量,以满足两作物各自生育的不同需求。

(六)套种的经济效益

黄瓜日光温室套种栽培,在图 3-6A 和图 3-6B 的模式套种时,每 667 米² 黄瓜产量为 6 000 千克,产值 18 000 元;辣椒产量为 4 000 千克,产值 16 000 元。在图 3-6C 的模式套种时,每 667 米² 黄瓜产量为 5 000 ~ 6 500 千克,产值 15 000 ~ 19 500 元;辣椒产量为 2 300 千克,产值 18 400 元。总计套种每 667 米² 产值为 34 000 ~ 37 900 元。

日光温室中辣椒与黄瓜这种高效益的套种模式,也可以扩展应用于线辣椒套种番茄、线辣椒套种礼品西瓜、辣椒套种豇豆或菜豆等。如若扩展应用之后,可有效地解决当前保护地过于单一种黄瓜的问题,同时,市场供应的花色品种会随之增加,并对预防和减轻单一种植最容易产生的连作障碍和土壤盐渍化也大有好处。因此,不断地改革创新蔬菜的栽培制度、耕作制度、施肥制度和作物种类,对保持生产的高效性和可持续发展均有良好的效应。

五、中棚辣椒与丝瓜、香菜套种

(一)套种组合的特性与优越性

辣椒、丝瓜、香菜三作物组合套种是各作物彼此互相促进和保护,得效很高的一种套种组合。中棚栽培辣椒是目前广大菜农普遍采用的简易保护地栽培形式,它可提早到春淡期上市供应,深受消费者欢迎。辣椒揭膜拔棵之后,丝瓜沿其棚架攀缘上爬,自然形成棚架栽培。虽然气温日益升高,但它的抗热性和适应性很强,病虫害又少,随着日照延长和强度增加,有利其生长发育,其果实营养比较丰富,还具有良好医疗保健效益,也深得消费者青睐。香菜(主要是芫荽)因其特殊诱人的香味,加之很高的胡萝卜素和钙、铁含量,使之成为我国最重要的蔬菜之一。因此,江苏省农业科学院蔬菜所王述彬研究员,在生产中发现和总结出这种良好的套种模式。

　　这种套种的优越性很明显。一是三种蔬菜组合套种的作物产品均具有良好医疗和保健作用,对改善人们的饮食,实施科学饮食和健康中国人均具良好效应。二是组合套种的作物在其共生期间,从栽培学角度和生物学互助方面看均具有互相保护促进作用,使之生长发育更加良好,生产效益更高,一般每 667 米^2 收辣椒 3 000 千克,丝瓜 1 500~1 800 千克,香菜 550~600 千克,总计每 667 米^2 效益达到 8 000 元左右。三是这种套种组合,包含有辣椒的保护地栽培、丝爪的棚架栽培和香菜的半遮荫栽培三种栽培形式,内涵丰富,效应累加,既给三种作物共生期间提供了互相保护的环境和效果,又使辣椒在保护条件下更好生育;也为丝瓜发芽出苗期创造了凉爽潮湿的条件,同时充分通风透光的空间为其生长旺盛期和结果期的生长发育和香菜的生长创立了更好的小气候环境,从而使其生产的产量更高,商品性状更优,产品的营养更加丰富。

(二)套种的配比与结构

　　辣椒、丝瓜、香菜三作物组合套种是利用辣椒保护地栽培的棚架两侧各套种1行丝瓜,而中棚的大小和宽窄各不相同,丝瓜棚架下套种的香菜多为撒播,不同种植者,依据不同的栽培目的,在栽植密度上差异变化更大。因此,此种套种模式没有明显的套种配置比例,且其配置结构与其他形式的组合套种也大不相同。首先,辣椒与丝瓜的套种在棚架的两侧栽植,前期辣椒高于丝瓜,后期丝瓜高于辣椒,丝瓜对辣椒形成风障式二层群体结构。其次,辣椒拔棵之后,播种香菜,出苗后长至3~4叶前,棚架上的丝瓜蔓覆盖全棚,形成丝瓜蔓覆盖香菜的隧道式二层结构。具体的配置结构设计见图3-7。

图3-7 辣椒与丝瓜套种的配置结构设计

到了深秋时节之后,逐渐剪除丝瓜棚蔓,留下香菜独立在地面上生长时,就形成单一的香菜群体结构。

(三)套种的密度

中型塑料棚下栽植的辣椒密度常因品种的株幅大小而有很大的差异。一般株态为半开张型的中早熟或早熟品种,行距为45厘米,株距为30厘米,每667米^{2}栽植密度为4 900株。当选用植株圆紧的有限生长型线辣椒中熟或中早熟品种时,栽植行距为45厘米,株距缩小为24厘米,每667米^{2}栽植密度可达到5 560~6 350株。如若采用植株高紧、株型矮小的早熟或极早熟品种,栽植株行距可缩小为20厘米×20厘米,每667米^{2}栽植密度可达到16 000株。

(四)品种选择

在辣椒、丝瓜、香菜三作物组合套种中,辣椒为主栽培作物,也是三者中生产效益最高的作物,而其他两种作物则属于见空插针充分利用设施增种和增收的作物,处于副栽培地位,单位面积的经济效益不如辣椒,因此,套种辣椒品种的选择显得更为重要。然而,为了获得更好的组合效益,丝瓜与香菜品种的选择也不应忽视。

1. 辣椒品种的选择 目前,早春中型拱棚栽培的辣椒多为辣或微辣型的中早熟与早熟菜用椒品种,因为上市早晚单位售价差异很大,所以辣椒品种的选择多数选耐低温、弱光,植株开展度较小,茎枝节间较短,结果集中,果实质地较脆的早熟牛羊角形品种。如苏椒五号、博士王、洛椒四号、京椒一号等品种。如若栽培线辣椒时,可选用保护地专用线辣椒新品种保线一号。

2. 丝瓜品种的选择 丝瓜应选用结果力强、节成性较好、果形长棒状并且不易老化的品种,如江苏一号、肉丝瓜等。

3. 香菜品种的选择 香菜应选择生长迅速、叶片较大、叶肉较厚和香辛味较浓的品种,如大叶香菜、莱阳芫荽等。

(五)套种的特殊栽培管理

在辣椒、丝瓜、香菜三作物组合的套种中,辣椒处于栽培的主导地位。因此,辣椒的管理应特别注意:育苗时,辣椒的种子应做好消毒处理,用50℃的0.1%高锰酸钾液消毒10分钟,洗净后在0.4%的尿素、0.5%磷酸二氢钾复合液中浸种6小时,捞出放在28℃下催芽,待70%的种子吐白时即可抢晴天、抢上午、抢墒播种。最好实行营养钵育苗,以利于培育壮苗和定植后迅速恢复正常生机。具体播种时间我国南北方差异很大,长江流域一般 10 月下旬至 11 月上旬采用中小拱棚冷床育苗,黄河流域通常 1 月中下旬采用日光温室育苗。待幼苗现蕾时及时移栽于塑料棚中。定植前每 667 米^2 施入 3 米^3 充分腐熟的有机肥,耕翻耙平后,做成南北向的高畦,每畦栽 2 行辣椒。门果长 2 厘米前应控制浇水,盛花期和盛果期应重视水肥管理,基本上保持地面见湿见干。果实采收期每采收一次要追肥浇水一次,以保证旺盛生育和优质高产的需求。

丝瓜根系虽然比较发达,但容易木栓化,受伤再生能力弱,应采用营养钵育苗。育苗期为 4 月下旬移栽于棚架边脚内 20 厘米处。移栽时应移小不移大,移早不移迟,以保证移栽后迅速恢复正常生机。丝瓜茎上的卷须需依附攀缘支撑才能向上攀升,故在丝瓜蔓开始向上爬升时,应事先在每棵丝瓜附近插一较短的竹竿,以助攀缘上升。当辣椒拔棵和棚架除膜之后,还应在拱棚上拉几道纵向的铁丝或绑几道竹竿,以利于丝瓜茎蔓继续上爬,同时促使侧蔓在棚架上均匀分布。丝瓜以侧蔓结瓜为主,结瓜多。因而,当主蔓长 3 米左右时应及时打尖,而后发出的侧蔓,坐上 1~2 个瓜时继续摘心,以分生更多的侧蔓,结更多的丝瓜。

芫荽于 7 月下旬辣椒拔棵后播种。种子应经过低温浸种催芽,或者用 1 000 毫克/升硫脲或 5 毫克/升赤霉素液浸种 12 小时,可代替低温浸种催芽。播种后应覆盖稻草或麦草等覆盖物,并常洒水保湿降温,以利于加快出苗和保全苗。3~4 片叶后要水肥齐攻,收获前 15 天可喷 20~25 毫克/升赤霉素,促使叶片伸长和分枝增多。

(六)套种的经济效益

在辣椒、丝瓜和香菜三作物组合套种中,辣椒属于正常的保护地栽培,其他属于附带性的见缝插针种植。因此,每 667 米² 辣椒产量为 3 000 ~ 4 000 千克,产值为 3 000 ~ 4 000 元。丝瓜虽然单位面积栽植株数比正常的单一栽植减少,但覆盖的结果面积没有减少,只要整枝技术得以改善,其单位面积的产量仍能达到或接近单一种植的水平,每 667 米² 产量可以达到 500 ~ 800 千克,价值 2 100 ~ 2 500 元。芫荽虽然产量不高,但售价不低,套种每 667 米² 产量 550 ~ 600 千克,产值可达 1 100 ~ 1 200 元。三作物套种每 667 米² 的总产值为 6 200 ~ 7 720 元。

六、辣椒与西瓜套种

(一)套种组合的特性与优越性

西瓜是我国夏季栽培面积最大的水果之一。西瓜果实的果肉脆嫩多汁、纤维较少,口感特好,品味甘甜,具有解热消暑利尿的作用,成为我国南北最受欢迎的夏季清热解暑的水果。

在西瓜的栽培中,生育的前期留有较大的行距非常适于作物间作套种,因此,插入营养、保健、美容的辣椒同其套种,不仅有利于复种指数的提高,更有利于单位面积生产效益的成倍增长。一般复种指数可增加 40%,每 667 米² 产值由原来的 800 元增加到 2 000 元。同时,西瓜属于蔓性平展型作物,植株虽然占有较大的平面面积,但占有相当少的空间,这种生物特性很适合与中等高度的作物套种,与辣椒组合套种恰好收到了这种互补共赢的效益。

西瓜随着蔓的拉长生长,叶片越来越大,而近根区的叶片自幼就小,并且容易衰老,而套种的辣椒恰好安排在西瓜行的两侧。共生前期两者均处于苗期,植株很小,没有覆盖遮荫的现象,到辣椒进入盛花时,已近成株时期,辣椒的存在不仅增加了西瓜根区的生物覆盖,减少地面水分蒸发,起到保水作用,同时还对高温期西瓜根区土壤起到明显的降温作用,有利于根系的良好生长,从而增强抗病能力。

西瓜忌连茬种植,一般轮作倒茬要求 10 年左右。辣椒虽然与西瓜有共同的病害,但其 10 年左右的轮作,完全可以避免或减少辣椒病害的发生。实践证明,与西瓜套种的辣椒少有三大病害的发生,单株产量可提高 20% 左右,外观商品性状和内在营养也有显著的提高。

目前,西瓜大多采用高畦或半高畦地膜覆盖栽培,不仅对西瓜的早熟丰产有益,对辣椒也有很好的生物学效应,除加快了辣椒的生长发育,又减少了病毒病的发生。原来一膜只供西瓜应用,套种后辣椒和西瓜同在膜上共生,对充分利用自然资源、节约人力资源都有好处。

(二)套种的配比与结构

辣椒与西瓜套种,从幼苗移栽起就开始共处生长发育,现蕾开花前基本上没有高低的差异,就群体来讲,基本上呈现出单层复合群体结构。经过瓜蔓的迅速拉长生长,至倒蔓、盘条定向生长以后,辣椒植株高度开始越过西瓜,直到拉秧之前,一直是辣椒高、西瓜矮所构成的二层浪阶式复合群体结构。由于辣椒栽植于西瓜行的两侧,所以就形成了西瓜与辣椒套种的行数比为 1:2。具体套种的配比与结构,见图 3-8A 和图

3-8B 的田间套种设计。

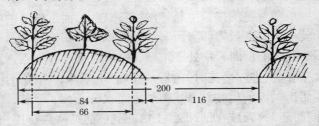

图 3-8A　辣椒与西瓜套种的苗期群体结构　（单位:厘米）

图 3-8B　辣椒与西瓜套种的成株期群体结构

(三)品种选择

1.西瓜品种选择　西瓜按皮色划分,有绿色、花绿色、黄色、白色和黑色 5 种;论其果瓤,有红色、黄色和白色 3 种。从颜色上看不出品质的好与坏,但从果色来看,目前市场供应量大的要数花绿色和绿色。至于选择什么颜色为好,应随各地喜好习惯而定。从总体上说,应该着重于选择抗病性强,瓤质脆嫩、充实,可溶性固形物含量高,不易裂果,耐运输、耐贮藏和不易空心的品种,如西农 8 号、陕农 9 号、丰抗 88、郑抗 2号、郑抗 3 号、开杂 12 号、菊城黑冠等大果型品种。如行早熟栽培,应选择京欣 1 号、京欣 2 号和京抗系列的小果型品种。

2.辣椒品种选择　由于西瓜栽培行距有 2 米之宽,同西瓜套种的辣椒应选择制干辣椒类中长势健壮,果实簇生,树型紧凑,连续结果能力强,单株生产潜力大,抗病性强,品质优良,可行干鲜两用的陕椒 168 和陕椒 2001 线辣椒品种。

(四)套种的密度

西瓜的栽种行距为 2 米,株距 50～60 厘米,每 667 米^2 栽植 556～668 株。辣椒栽植的行距为 66 厘米,而套种的平均行距为 100 厘米,穴距为 33 厘米,每 667 米^2 栽植 2 022 穴,每穴 2 株,总计栽植 4 044 株。

(五)套种的特殊栽培管理

西瓜根系比较发达,叶片裂缘,全身长有白色茸毛,具有良好的抗旱性、耐肥性和耐瘠薄的能力。它喜欢强光高温、空气干燥和较大的昼夜温差,不耐潮湿和雨涝。它的优生区主要在我国华北和西北地区,因此,这里也是我国最重要的优质瓜生产基地。由于西瓜根系深达 1 米以上,横扩在 3 米左右,所以选择种植西瓜的田块应当地势较高、排水良好、活土层深厚、土质疏松的砂壤土或壤土较好。在耕作时,应注重深耕结合重施有机肥,一般深耕 30 厘米以上,每 667 米^2 施用厩肥 4 000～5 000 千克。

在栽培方面,应当实施弧形高畦结合地膜覆盖栽培。地膜覆盖后,不便全面追肥,因此,整地做畦前,应施足磷、钾肥,氮肥还可以后追施。

在施肥制度中,由于辣椒与西瓜均为全营养型作物,所以两作物需要全营养性的肥料供应,其中磷肥和钾肥应全部用作基肥。为了预防磷素营养被土壤固定,磷素肥料最好同基肥混在一起,并集中施入定植沟垄内。氮肥 40％用作基肥外,60％用作追肥,分别于孕蕾期、第二雌花显现期、坐果期

(第二雌花开花后 2 ~ 3 天)和膨瓜期(果重 1 ~ 1.5 千克)结合灌水施入。氮肥用量要控制。如若氮肥过多,直接影响西瓜品质,容易出现粗纤维多和空心现象。为了提高品质,应结合进行叶面追肥。应在追肥液中加入适量粘着剂和展布剂,以克服叶面蜡质物对追肥的影响。

在管理制度方面,应注意孕蕾期进行倒秧。倒秧依各地常见风向为依据进行顺风倒秧,并于倒秧后自基部选留一个健壮的一次分枝作为副蔓,辅助主蔓结果和生长。另外,进入孕蕾期后结合倒秧行第一次压蔓,以后每隔 7 节压蔓 1 次。开花结果后,应选择第二或第三雌花留瓜,其余雌花一般不要,并于留瓜位置前方压二次蔓之后实施摘心,以减少养分消耗,使瓜长得大而甜。第二雌花或第三雌花谢花后 30 ~ 35 天(大果型品种)果实成熟,应及时采收上市。

辣椒不需要另外管理,一般随西瓜栽植管理即可。

(六)套种的经济效益

西瓜一般每 667 米^2 产量为 3 000 ~ 4 000 千克,产值 1 200 ~ 1 600 元。而辣椒套种每 667 米^2 产量为 1 000 千克,产值 1 000 元。两种作物套种每 667 米^2 的总计产值为 2 200 ~ 2 600 元。

七、辣椒与西瓜、西葫芦套种

(一)套种组合的特性与优越性

前述已讲过辣椒与西瓜套种具有 5 项好处,但在其整个套种的过程中,套种带幅内,特别是西瓜 8 月份拉秧收获后,原来瓜蔓的延畦仍有可以进一步利用的土地、时间和空间,如不利用也是一种对自然资源和土地资源的浪费。因此,庄灿然认为,还应利用8月份的高温和9月份后的凉爽气候,在西瓜爬蔓的地方再套种一茬西葫芦很有好处。一是充分利用了尚可利用的土地、时间与空间,把土地的复种指数再提高60%左右。二是秋季茄果类蔬菜的旺季供应已过,种一茬西葫芦对弥补秋淡季缺货供应也有一定作用,同时,秋西葫芦的单位售价比春西葫芦高,加之气候比较适宜、生产效益有明显的增加。三是早春种植的西葫芦几乎全部用保护地栽培,否则病毒病的危害非常严重,甚至带有毁灭的性质。而秋季西葫芦高温期在尼龙网内,尤其是在黑色尼龙网下封闭育苗,栽植露地时,高温已经过去,初秋将临,最大危害性的病毒病不易在套种的西葫芦上发生。同时,秋季的气候温暖适宜,对西葫芦的生长发育也很有益。四是夏季过后,长日照已经过去,短日照徐徐来临,这样的气候环境,能使西葫芦多开雌花多结果实。五是西葫芦同辣椒套种还有生物学的互补作用。由于辣椒与西葫芦都有适宜间作套种的特性,合作共处都会给共处者创造更为适宜的生育环境,如减少地面蒸发,充分利用阳光、热量和水分,降低发病概率,使产品器官发育更好、质量更优。六是栽培管理上也有共性,只要按主作物辣椒的要求管理,就可满足西葫芦的生育需求,可谓一举两得。

(二)套种的配比与结构

辣椒与西瓜的套种已如前述,不再重复,这里仅介绍辣椒与西葫芦套种。原来的套种带幅为200厘米,除了辣椒所占66厘米外,尚余134厘米,只能套种1行或2行西葫芦,在此情况下,辣椒与西葫芦套种的行数比为2:1或2:2。由于西葫芦基本上也属平展型匍匐延伸的作物,辣椒始终高于西葫芦,一高一低形成二层复合群体结构。具体套种的田间设计见图3-9。

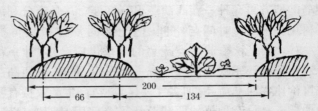

图 3-9　辣椒与西葫芦套种的田间设计　（单位:厘米）

(三)品种选择

1. 西葫芦品种选择　西瓜收获后套种的这茬秋西葫芦,目前生产上应用得不多,但它确实是经济效益比较高的栽培茬次,同时,比早春保护地种植的西葫芦投入少、病毒病轻、管理省事,只是西瓜 8 月上中旬拉秧后,适宜西葫芦生育时间有限,最多不到 100 天。为了抢时间,除采用促使早熟栽培技术措施外,首先应当选择矮生早熟品种或杂种一代,其次是抗病性强、丰产性好、品质优良、皮色对路,如青皮西葫芦、花皮西葫芦、白皮西葫芦和黄皮西葫芦。如若生产上采取多种皮色品种的种子等量混合播种,收获后多彩品种上市,或者配成多色西葫芦拼盘,也算是一种小小的创新。

2. 西瓜品种选择　后茬套种西葫芦与不套种西葫芦,对西瓜品种选择的要求是不一样的。不套种西葫芦的,为了获得高产可选择中晚熟或晚熟品种;而后茬套种西葫芦时,为了保障西葫芦接茬生产的安全性,预防生育期不足,西瓜应选择早熟或中早熟品种,如京欣系列和京抗系列等。其他性状要求与辣椒西瓜套种的相似。

3. 辣椒品种选择 也是制干型线辣椒品种,具体要求与前述相同。

(四)套种的密度

西瓜早熟品种套种的行距仍为 200 厘米,株距 45 厘米,每 667 米² 栽植 741 株。辣椒的密度不变,每 667 米² 仍栽植 4 044 株。西葫芦的行距同西瓜一样为 200 厘米,穴距为 50 ~ 80 厘米。穴距 50 厘米时每穴 1 株,穴距 80 厘米时可留 2 株。两种情况的栽植密度分别为每 667 米² 667 株和 832 株。其密度的大小依品种长势与土壤肥力灵活调整。长势强的品种和土壤肥力高时应适当稀些;相反,应适当密些。实践是检验真理的标准,各地可通过小型比较试验,决定取舍才是。

(五)套种的特殊栽培管理

西瓜与西葫芦都具有比较发达的根系,在深厚的土壤里才能生育良好,因此,套种田应首先深耕 30 厘米以上,并结合施用有机肥。高畦是增厚土层、疏松土壤、改善土壤性质、提高作物抗病性、有利早熟和增加产量的重要栽培措施,加上覆盖地膜,其效果更加明显。此种套种模式,西葫芦也一定要采用高畦地膜覆盖栽培技术。

为了争取时间促使瓜类早熟和早期上市,组合套种的三种作物都应采取播种育苗的措施。但在播种育苗的时间、方法和预期达到的目的有所不同。西瓜和辣椒采用的是在早春日光拱棚育苗的方法,是在露地温度太低无法播种和幼苗不能生长的情况下,利用日光拱棚育苗促使早发,待气温超过生物学零度时,即可栽植露地生长,达到抢时间促早发的目的。而西葫芦采用的遮阳网封闭育苗方法,以避开 7 月下旬至 8

月上旬的高温干旱和强光容易使西葫芦幼苗变弱和易感染病毒病的危险。这种在西瓜未拉秧之前播种育苗、拉秧后栽植田间的育苗措施，也带有促使早熟和满足生产生育需要之目的。西葫芦夏季育苗应采取尼龙网拱棚育苗，其上覆盖黑色的遮阳网。按西瓜拉秧期计算，提前15天左右播种，到第一真叶显露时移栽。

其他的田间栽培管理基本上随辣椒进行，只是西葫芦的盛瓜期增加两次浇水就行了。每次浇水结合追施速效氮肥和钾肥。成瓜期应及时采收。

西葫芦一般不整枝打杈，任其自由生长。

（六）套种的经济效益

在西瓜、辣椒和西葫芦套种的过程中，三作物共生期彼此不受影响，比其各自单一种植都生长得更加良好，在其占有的有效面积的单产，均比单一种植高。所以，三者组合套种的经济效益较高。其中，西瓜套辣椒的经济效益已经算过，为 2 200～2 600 元/667 米²；加套西葫芦的单位面积产量为 2 333 千克/667 米²，产值可达 2 300 元。三种作物组合套种每 667 米² 年总产值为 4 500～4 900 元。

八、辣椒与白菜制种、菠菜、糯玉米套种

（一）套种组合的特性与优越性

大白菜、萝卜和甘蓝均为十字花科作物，属于二年生植物，第一年完成营养体的生长，第二年在营养体的基础上完成生殖生长的过程，即种子繁育。这种繁育方法通称大株（根）

繁育,主要用于保持纯种性最好的原种种子。这种方法从春季定植到夏季采收一般需要80天左右。目前,我国十字花科蔬菜作物乃至属于十字花科的油料作物,普及杂种一代应用之后,均采用小株(根)采种,即从播种种子不经过营养体培养这个阶段,直接收获种子的方法。从播种到种子收获约需230天。在整个种子繁育过程中,采取单一作物留(制)种时,常常发生植株拥挤,群体通风透光不良,茎枝偏软,遇有大雨风吹容易倒伏。欲设置防倒支撑也甚不方便,而采取同辣椒套种之后,这一问题会迎刃而解。同时,这些十字花科蔬菜,生长发育更加苗壮,结荚更多,籽粒更加饱满,单位面积的实际制种量也随之提高,还可减少病虫危害。

另外,十字花科作物制种的效益较好,种植者对防病治虫比较重视和及时,而辣椒与十字花科作物共生期间,在病虫防治方法上又基本相同,在套种的十字花科作物先于线辣椒防病治虫的前提下,就为辣椒创造了一个无病少虫的环境,使露地辣椒生产安然地度过病毒病最严重的侵染时期。

同时,十字花科蔬菜作物,既是辣椒间作套种的友邻,又是辣椒良好的前作。它们之间没有共同的土传病害,也没有对土壤营养需求的严重矛盾,共生期对土壤营养需求的互补性很强。因此,两种作物套种实为互相促进,相得益彰。

(二)套种的配比与结构

辣椒与十字花科蔬菜制种套种,均采取带状套种,套种的带幅因作物的种类有所差异。辣椒与大白菜小株制种套种,于当年9月下旬至10月上旬播种5行白菜,其中间1行为杂交制种的父本,两侧各2行为杂交制种母本,其行距为40厘米,再在距大白菜两边行20厘米处外、50厘米宽的范围内,做成两个距离50厘米的畦埂(梁),到翌年春季在畦埂上各栽植1行辣椒。在辣椒未栽进之前,可于大白菜小株制种播种的同时,在预留栽植辣椒的带幅内播种上越冬菠菜,先形成大白菜种株与菠菜的套种。到翌年春季适宜露地辣椒栽培时预先分次采收菠菜,而后在畦埂上栽上辣椒,这时形成辣椒与大白菜种株组合套种的行数比为5:2。

5月下旬大白菜杂交制种的种株采收后,在白菜种株带内续播2行糯玉米或超甜玉米,结果又形成辣椒套种玉米2:2的行数比。到此,整个套种跨越了两个年度,实际是从开始套种到套种结束占用了12个月的时间,完成了四种作物的套种。

在大白菜杂交制种与菠菜套种的过程中,白菜尚未抽薹开花,两作物共生期形成了带状式间作的平面结构。菠菜收完辣椒套栽进去之后,白菜种植已进入迅速生长发育时期,形成了白菜种株高于辣椒的二层复合群体结构。等白菜制种收获后,在其茬地上套种糯玉米。苗期玉米低于辣椒,而后随着玉米的迅速拔节生长,致使玉米株高远远超过辣椒,从而形成高低交替的变式二层复合群体结构。具体见图3-10A,图3-10B,图3-10C。

(三)品种选择

1. 大白菜品种选择 随着茄果类蔬菜的周年供应和特色蔬菜的发展,人们对大白菜品种的要求越来越高,除了抗病毒病、霜霉病、黑斑病、腐烂病和高产之外,对品质与口感的要求已摆在重要位置。目前,国内比较优良的品种秦白2号、秦白4号、北京新3号、山东丰抗78、青杂3号等可供各地选择制种。

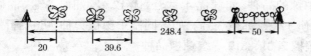

图 3-10A　大白菜小株制种套种菠菜的田间设计

（单位：厘米）

图 3-10B　大白菜小株制种套种辣椒的田间设计

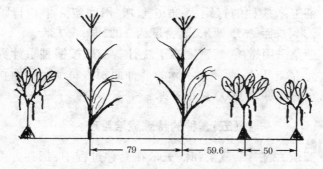

图 3-10C　辣椒与糯玉米套种的田间设计　（单位：厘米）

2．菠菜品种选择　菠菜应选择叶片较大、叶肉较厚、叶色较深、适应性较广、抗寒性较强的品种,如大叶菠菜、圆叶菠菜、法国菠菜等。

3．糯玉米品种选择　应当选择抗病性强、糯性好、产量高、株型较紧凑的陕白糯 11 号、江南花糯、江南白糯、苏玉糯 2 号、陕彩糯 301 等杂种一代品种。

4．辣椒品种选择　应当选择对病毒病、疫病、炭疽病三大病害抗性强,株型比较紧凑、结果较集中,果肉脆嫩,口感微辣或中辣的品种,如辣优 4 号、辣优 12 号、湘研 5 号、湘研 6号、湘研 12 号、苏椒 3 号。如若同制干辣椒套种,可选择陕椒168、陕椒 2001、8819 等线辣椒品种。

(四)套种的密度

大白菜制种播种的行距为 40 厘米,田间实际平均行距为50 厘米,株距 20 厘米,其密度为 6 670 株/667 米^2。

辣椒的定植行距为 50 厘米,田间实际平均行距为 125 厘米,株距 33 厘米,其密度为 1 627 穴/667 米^2,3 254 株/667 米^2(每穴 2 株)。

糯玉米播种的行距为 36.6 厘米,田间实际平均行距为125 厘米,株距 26.5 厘米,其密度为 2 022 株/667 米^2。

菠菜采用撒播,其密度难于统计。一般按播种量计算每667 米^2 播 5 千克,而菠菜实际的播种面积占每个套种面积的1/5,实际播量为 1 000 克/667 米^2。

(五)套种的特殊栽培管理

辣椒、大白菜、菠菜和糯玉米在套种过程中,都具有可行单独管理的畦式,除菠菜无须单独管理之外,其他作物都可根据本身生物特性需要独立管理。第一轮套种的大白菜制种田,应首先施足基肥,于 9 月下旬至 10 月上旬合墒开沟条播,株距 12.6 厘米。按实际播种面积计算播种量为 0.15 ~ 0.25千克/667 米^2。同时,在栽培辣椒处撒播菠菜。越冬前于 3 ~4 叶期、7 ~ 8 叶期各间苗一次。12 月中下旬进行冬灌。冬灌后撒施畜粪一次,覆盖地面越冬,施肥量为 3 000 ~ 4 000 千克/667 米^2。翌年春季按 20 厘米株距定苗。而后于初花期、盛花期和结荚期结合灌水,追施速效氮肥、钾肥和磷肥。种荚黄熟时选晴天收获。收后堆放后熟 2~3 天,然后晒干脱粒。

大白菜制种收获后,应尽早整地,在其制种带内的中间位置,播种 2 行糯玉米(或超甜玉米)。玉米定苗后,于 7 叶期给玉米中耕培土成垄,结合追尿素 1 次,接下来于 14 叶期再追肥浇水 1 次,玉米吐丝后 23~28 天内及时采收玉米果穗,供加工或鲜售。

辣椒的管理。辣椒栽植后及时浇水,天旱时应连续浇水 2~3 次,促使缓苗。于门果坐定期、盛花期、盛果期结合浇水分别追施速效氮肥和硫酸钾 1 次。如若套种的辣椒为菜用辣椒时,应坚持每周采收 1 次。套种制干辣椒时,既可分次采收红熟果实,也可在果实基本全红时实行一次采收。

这种套种模式基本上可以应用于甘蓝、萝卜、油菜、小白菜、芥菜等十字花科作物杂种一代的制种上。除此之外,还能应用于胡萝卜、洋葱等作物种子的繁育和杂种一代种子的制种上。所不同的只是依托各自的生物学特性和植物学特征的差异,适当调整一下栽植株行距(即密度)和栽培管理技术而已。

(六)套种的经济效益

大白菜小株套种制种每 667 米² 产量为 100 千克,产值 3 000 元。菜用椒套种每 667 米² 产量为 1 500 千克,产值 1 500 元。糯玉米套种的每 667 米² 株数为 2 000 株,产值 1 000 元。菠菜套种的每 667 米² 产量为 300 千克,产值 300 元。以上四种作物套种,合计每 667 米² 总产值为 5 800 元。

九、辣椒与洋葱、菠菜、小白菜和芹菜套种

(一)套种组合的特性与优越性

这是多种蔬菜多茬次与辣椒的套种栽培,是原陕西省农科院研究成功的高效套种组合。每667米²产值比单种辣椒多收入1 354元,增收126.7%,一年多产蔬菜7 000千克。另外,这种套种对解决春、夏、秋蔬菜淡季供应,增加花色品种,也具有极为重要的作用。菠菜对人体有良好的保健功能,对丰富春节前后供应、调节节日食品花样显出独特作用;洋葱收获贮藏可以弥补秋淡蔬菜供应的不足;速生小白菜,在高温时节生长迅速,27天左右就收获一次,可以缓解高温时期绿叶菜供应紧张的状况。

这些作物套种,除了显示生产高效性和供应的均衡性及多样性外,还具有下列特性。

一是具有生物化学互助和促进生育的特性。洋葱植株中含有的挥发性植物杀菌素,能够在一定距离内,经过数分钟即可对某些致病真菌产生杀伤作用。同时,还对某些被子植物的花粉粒发芽起强烈的促进作用。可以观察到,在很短时间(5分钟以内)的作用下,就能加速花粉粒发芽,促进作物结果。另外,在芹菜的果实和根系中,含有一种特有的挥发性香精油——洋芫荽脑,它可以像秋水仙素那样引起植物的细胞染色体多倍现象。因此,洋葱和芹菜先后参与套种,能够减少真菌病害发生,促进其他套种作物结果或结实性的提高,并具有加速果实膨大的可能性。

二是间套作物具有错开生育高峰,充分发挥边际效应增

产的特性。辣椒一般是无限生长型作物,只要气候条件适宜,就可具有很长的生育高峰。叶量较少的洋葱、植株低矮的小白菜和芹菜的幼苗同辣椒共生,均具有"见缝插针"和"兵给帅让路"的作用,使主作物辣椒能够充分利用边际效应,促进生育、提高抗性、增加产量。

三是多茬叶菜参与套种,具有加大地面覆盖度和抑制杂草生长的特性。菠菜、小白菜、芹菜等均为速生叶菜类型,一年套种四茬,使套种的叶面积指数比单种辣椒大约增加 2～3 倍,不仅可减少暴雨对土壤的冲击,也可抑制杂草的生长,减少杂草的竞争为害,同时还具有改善辣椒群体生态环境小气候的功能,使辣椒生长茁壮和开花结实优良。

(二)套种的配比与结构

1. 套种的作物组合 五种作物的连续套种,经过四次套种组合的变更。第一次是菠菜与洋葱的套种组合。第二次是菠菜收获后套栽辣椒,构成洋葱与辣椒的套种组合。第三次是洋葱收获之后,辣椒大量挂果之时,再套种小白菜。第四次是小白菜结束之后,又通过直播或移栽芹菜,构成辣椒与芹菜的组合套种。经过四次组合套种,历经冰雪寒冬、严夏酷暑和金色深秋,套种田内始终绿色满园,生机勃勃,一派江南田园风光。

2. 套种作物的配比与结构 菠菜与洋葱套种时,洋葱套栽于撒播的菠菜中,菠菜覆盖地面,形成菠菜对洋葱安全越冬的保护性结构,但没有明显的配比关系(图 3-11)。菠菜收获之后,辣椒与洋葱形成2:4套种行数比的高低带式二层结构(图 3-12)。洋葱采收结束后,小白菜又套撒于大行辣椒之中,从而形成辣椒与小白菜高矮而无一定配比的二层结构(图 3-

13)。小白菜收二茬后,继续将冬寒菜如芹菜或黑油菜、大青菜、瓢儿菜、菠菜等套播(栽)于辣椒大行中间,又会形成第二次双层结构,增收一茬冬菜供应春节市场,可望获得更高的生产效益(图 3-14)。

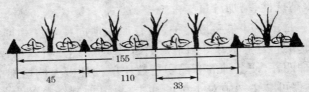

图 3-11　菠菜与洋葱套种的田间设计　（单位:厘米）

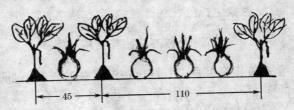

图 3-12　洋葱与辣椒套种的田间设计　（单位:厘米）

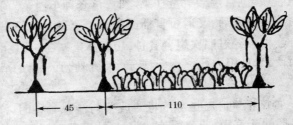

图 3-13　辣椒与小白菜套种的田间设计　（单位:厘米）

(三)品种选择

1.菠菜品种选择　为了增加菠菜寒冬覆盖保温的效果,

图3-14　辣椒与冬芹菜(或黑油菜、大青菜)套种
的田间设计

菠菜应当选择叶片肥大、生长速度快、耐寒性较强、丰产潜力大的品种或杂种一代。如法国菠菜、双城冻根菠菜、青岛菠菜、大圆叶菠菜等。

2. 洋葱品种选择　洋葱耐贮性较好,在北方它常常作为补充淡季供应的重要蔬菜种类。所以,洋葱应当选择耐贮性强、抗寒性好、冬性强、春季不易抽薹、单位面积产量高的品种。长江以北地区红皮高桩洋葱比较理想,长江以南地区宜采用黄皮和白皮品种。

3. 小白菜品种选择　小白菜被安排在高温时期与辣椒套种,应当选择特别抗高温、耐炎热和生长速度快、叶片大的品种。凡是优良大白菜品种的种子都可作为小白菜栽培。

4. 芹菜品种选择　芹菜为高温播种,秋季与辣椒以大株共生,为了适应其生长的环境,应当选择叶片深绿、叶柄短粗肥厚、耐热性好、抗寒性强的品种。例如西洋芹中的抗病品种或杂交种。

(四)套种的密度

洋葱的套种行距为 38.70 厘米,株距为 10~13 厘米,每 667 米^2 栽植 17 235 株。辣椒栽植的小行距为 45 厘米,大行距为 110 厘米,平均行距为 77.5 厘米,穴距为 30 厘米,每穴 2

株,每667米²栽植2863穴,5726株。芹菜栽植株行距为14厘米,套种平均行距为18.13厘米,每667米²栽植26364株。小白菜和菠菜全为撒播,难于计算播种密度,就此省略不计。

(五)套种的特殊栽培管理

洋葱的栽培季节,我国南北差异较大,但都将营养器官的生长期安排在凉爽季节。长江与黄河流域多为秋季播种育苗,定植在10月份。定植前按每667米²施氮12.5~14.3千克、磷10~11.3千克、钾12.5~15千克的标准施足基肥。而后按45厘米和110厘米的宽度,依次重复做成窄畦与宽畦相间的平畦。然后在畦内撒播菠菜种子,接着在窄畦中央移栽1行洋葱,宽畦中移栽3行洋葱,栽深2~3厘米。春节前后收菠菜。翌年春季气温稳定通过14℃时,在每个畦埂上套栽1行辣椒,穴植,每穴2~3株。洋葱采收后,在宽畦中套种小白菜,27天左右收获1茬,可连续播种收获2~3茬。在小白菜生长期间注意保持土壤湿润,及时防治小白菜的食叶害虫。在第三茬小白菜播种时,可将芹菜种子混入一起播种,借助于小白菜遮荫保湿,降温防雨。等芹菜出苗后,再逐渐铲除小白菜。若需移栽,可于立秋后温度开始下降时定植芹菜,穴植,每穴2~3株,穴行距各为13~15厘米。

(六)套种的经济效益

以每667米²面积计算:越冬菠菜产量一般为1500千克,产值1500元;洋葱产量为1500千克,产值1500元;辣椒产量为1500千克,产值1500元;芹菜产量为1000千克,产值约为800元;小白菜播种收获3茬总计1000千克,产值约为1000元。五种蔬菜作物套种,每667米²总收入为6300元。

第四章 辣椒与粮食、蔬菜作物套种

辣椒与粮食作物套种,在保证粮食生产安全与可持续发展的情况下,还能促进辣椒比单纯种植大幅度增加产量,从而有效地解决了经济作物与粮食作物争地、生育期较短地区两茬争时间、粮食产区有粮缺钱、经济作物区有钱缺粮的四大矛盾。而在辣椒与粮食作物套种成功的基础上,巧妙的利用天时、地利和生育空间,再套种一二种蔬菜作物,不仅可增加市场菜蔬花色和数量的供应,更重要的是能有效地改善广大农村饮食结构,提高生活水平,增加农民收入,对促进社会主义新农村建设具有重要的现实作用。

一、小麦、辣椒、菠菜、大豆、玉米套种

(一)套种组合的特性与优越性

小麦、辣椒、菠菜、菜用大豆和糯玉米套种,在一年内收获5种作物,具有精耕细作和集约化栽培的特点,是充分利用自然资源和人力投入资源与节约资源、提高资源利用效率的优良典范。套种所生产的产品综合营养非常丰富与全面,可谓保障人民身体健康的一种套种模式。全面体现了重视粮食生产、积极发展多种经营、大力提高农业生产效益、增加农民收入、支持"三农"发展和建设的方针。

在参与间套的五种作物中,玉米能够利用土壤深层营养,小麦、辣椒主要利用土壤中层分布的肥料元素,菠菜则主要利

用土壤表层养分,而大豆根部根瘤菌的作用,还能把空气中的氮气固定在土壤中。这样,既体现农作物对土壤营养的分层次利用,又起到一定用地养地的作用。同时,这5种作物组合套种的生物学互助作用也非常明显,小麦能帮助辣椒预防辣椒病毒病的猖獗发生,还可克服辣椒受低温和寒风侵袭的不良影响。更重要的是小麦、大豆、玉米和菠菜均为主套作物——辣椒的良好前作,辣椒与其组合套种,对避免或减轻辣椒基地生产中日益严重的连作障碍产生明显的作用。

同时,一年内收获5种作物,不仅土地复种指数提高到280%左右,而且在不大增加额外投入的情况下,每667米^{2}的年效益约增加到3 844元,比小麦和辣椒套种的产值2 000元增加52%。

(二)套种的配比与结构

首先,在267厘米宽套种带幅内的一侧,按16.6厘米的行距播种9行小麦,另一侧撒播越冬菠菜或栽植黑油菜。小麦与菠菜或黑油菜等的共生期内没有明显的高低层次结构和明确的比例关系(图4-1A)。菠菜或黑油菜翌年春季收获后,在其原生长处套栽2行制干辣椒。这时,小麦进入孕穗期,植株已基本上接近成株期的高度,与苗期的辣椒构成套种行数比为9:2的二层复合群体结构。6月上旬,小麦收获后,播种3~4行菜用大豆(或大豆),再在4行菜用大豆中间播种1行糯玉米(或超甜玉米)。这样,在辣椒、菜用大豆和糯玉米共生期间,自然形成糯玉米最高、辣椒中等、菜用大豆最低的套种行数比为1:2:4的三层复合群体结构。具体套种的田间设计及其套种作物轮换见图4-1A,图4-1B。

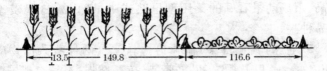

图 4-1A　小麦与菠菜(或黑油菜)套种的田间设计 （单位:厘米）

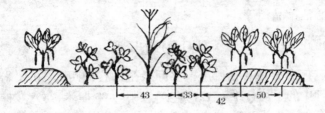

图 4-1B　辣椒与大豆、糯玉米套种的田间设计 （单位:厘米）

（三）品种选择

1.小麦品种的选择　同小麦与辣椒的套种。

2.辣椒品种的选择　同小麦与辣椒的套种。除此之外,在朝天椒种植地区,也可选择叶色深绿,果实簇生性较强,果实层间差异较少,果实颜色鲜红或深红、辣味特浓,抗病性强,茎生分枝均衡,不易抽生二次分枝的品种。如日本天鹰椒、冀州大果天鹰椒和威远辣椒,以及最新育成的豫杂三樱椒 2 号和七姊妹一代杂种。

3.玉米品种的选择　玉米以选择糯玉米品种较好,主要是它的鲜食经济价值较高。在糯玉米中应选择糯性比较强,株型紧凑,叶片偏立,果穗较大,产量高,抗大、小斑病强的品种。如渝糯二号、渝糯七号、江南花糯、江南白糯、陕白糯 11号、陕彩糯 301、中糯 1 号、中糯 2 号等一代杂交种。

4.大豆品种的选择　在大豆品种类型中,应选择经济价值高、市场前景看好的菜用型早熟或中早熟、2～3粒荚率高的品种。

5. 菠菜(或油白菜)品种的选择 这两种蔬菜作物应选择叶色深绿、叶片肥大、叶面带皱、抗寒性强、不易出现早期抽薹的高产品种，如圆叶菠菜、大叶菠菜、法国菠菜和黑油菜、菊花心油菜品种等。

(四)套种的密度

1. 辣椒的密度 辣椒实际栽植的行间距为50厘米，而套种中的平均行距为121厘米，穴距为33厘米，每穴2株，实际套种密度为3 340株/667米^2。

2. 菜用大豆的密度 菜用大豆播种的实际行距平均为33.3厘米，套种中的平均行距为61厘米，株距为10厘米，实际套种密度为10 934株/667米^2。

3. 玉米的密度 玉米套种的行距为244厘米，穴距33厘米，每穴2株，实际栽植密度为1 657株/667米^2。

(五)套种的特殊栽培管理

一年内在同一块地上套种5种作物，既要考虑套种的整体效益，又必须使每一种作物发育更加良好。欲达到此目标，除了充分利用套种作物间的生物学互助效应和套种的田间设计作用外，更需要按照集约化栽培的要求进行精耕细作。

第一，深耕和增施有机肥。连续5茬套种，土壤营养消耗量大，多次浇水也容易造成土壤板结，只有通过深耕结合增施有机肥，才能不断改良和提高土壤肥力，扩大土壤中的微生物群落，尤其是好气性微生物大量增殖，有利于应用微生物的拮抗作用，减少土传性病害发生。同时，促进土壤理化性质的改善与作物产量的提高。

第二,充分利用高垄、高畦和地膜覆盖栽培。这项措施有利于改善土壤环境,节约灌水,提高地温,增加松土层和促进套种作物生育。除菠菜(或油白菜和大豆)外,辣椒可行高畦地膜覆盖栽植,玉米可行高垄栽培。

第三,菠菜可结合小麦冬灌进行浇水,并盖施1次有机肥,保湿防寒促生,又为辣椒定植前追施1次基肥。

第四,小麦应在返青期、拔节期、孕穗期和灌浆期,结合灌水分次进行追肥。

第五,菠菜越冬收获后及时施肥翻地,做成高畦,覆盖地膜,准备栽植辣椒。

第六,小麦成熟后可用小型机械收获,并将秸秆、麦糠一起翻入土中,而后播种4行大豆,中间加播1行糯玉米。4行中间的2行大豆,行距扩大为43厘米。

第七,辣椒门果坐果后,应抹去主茎上的芽和叶,以利于改善田间通风状况,又可使茎秆更加坚实,增强抗倒性能。

第八,糯玉米以鲜食为主,采收时间迟了就会丧失鲜食价值,降低经济效益,应当于玉米果穗吐丝后23~28天内及时采收,加工贮藏或销售。

(六)套种的经济效益

以每667米^{2}面积计算:菠菜套种产量为1 000千克,产值1 000元;小麦套种产量为300千克,产值444元;辣椒套种产量为150千克,产值1 200元;大豆套种产量为200千克,产值400元;糯玉米产果穗1 657个,产值822元。总计5种作物套种每667米^{2}产值为3 866元。

二、辣椒、小麦和越冬菜套种

(一)套种组合的特性与优越性

辣椒与小麦和越冬菜套种是在前述辣椒与小麦套种的基础上,利用栽辣椒之前预留的空地栽植一茬越冬菜。这种套种方法既可确保粮食生产,又能利用小麦对辣椒的生物学保护作用大幅度提高辣椒的产量,同时还可多生产一茬越冬菜以增加春淡季节蔬菜的供应。特别是增收一茬绿叶蔬菜的品质格外优良,叶绿素的含量更高,这对增进人民的健康也会产生一定的作用。况且这茬越冬蔬菜大多是以氮素需求为主的作物,与主栽作物辣椒对营养元素的需求上各有所偏重,既能防止对土壤营养剧烈的竞争,又会产生一些互补作用,并使土壤的利用率提高到250%左右。与原来的辣椒、小麦套种相比,土地利用率实际增长50%。

(二)套种的配比与结构

越冬蔬菜包括菠菜、大青菜、莴笋、黑油菜、乌塌菜、紫菜、蒌菜等,是一些耐寒性强、春季收获较早的叶菜类或少数茎菜类。这些蔬菜大多数都可在种麦时给辣椒预留的空带内套种。黄淮海地区,小麦10月上中旬播种,播种后,在给辣椒预留的空带内套栽2~4行越冬菜,或撒播一茬菠菜。

现以套栽莴笋为例加以说明。在133.2厘米的套种带幅内,套栽2行莴笋后,小麦与莴笋都处于苗期,结构层次不明显。到春暖花开小麦迅速拔节生长后,小麦明显高于莴笋。在播种4~5行小麦的情况下,就自然形成套种行数比为5:2

或 4:3 的二层复合群体结构(图 4-2,图 4-3)。如若栽植黑油菜、大青菜、瓢儿菜,因其株幅小,种 5 行小麦时可栽植 3 行,播种 4 行小麦时可栽 4 行,这样又形成 5:3 或 4:4 的二层复合群体结构(图 4-4)。

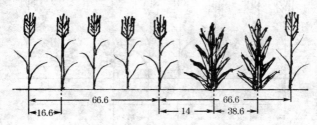

图 4-2　小麦与莴笋 5:2 套种的田间设计　(单位:厘米)

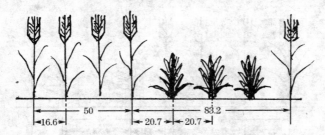

图 4-3　小麦与莴笋 4:3 套种的田间设计　(单位:厘米)

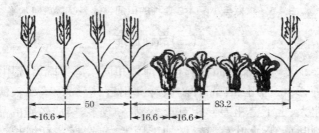

图 4-4　小麦与黑油菜 4:4 套种的田间设计　(单位:厘米)

套种的莴笋或其他越冬菜收获之后,尽早整地栽植 2 行辣椒,结果又形成小麦同辣椒套种行数比为 5∶2 或 4∶2 的二层复合群体结构。详见图 4-5 和图 4-6。

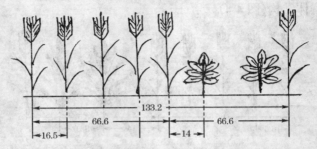

图 4-5   辣椒与小麦 5∶2 套种的田间设计   (单位:厘米)

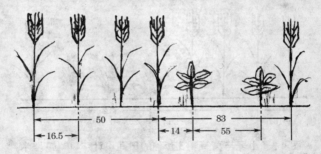

图 4-6   辣椒与小麦 4∶2 套种的田间设计   (单位:厘米)

(三)品种选择

小麦与辣椒的品种选择与前述相同。莴笋既可选用鲜食品种,又可选用加工品种。做鲜食用者,应选择茎皮较薄、茎秆粗大、上下茎粗差异相对较小、水分较多、肉质较脆的品种,如圆叶莴笋、大叶莴笋。做加工用者,应选择茎秆细长、水分含量较少、肉质致密的品种,如青皮莴笋、潼关铁秆莴笋等。

(四)套种的密度

1. 小麦与辣椒的套种密度　同小麦与辣椒套种。

2. 莴笋的套种密度　小麦、辣椒和莴笋三作物套种的带幅为133.2厘米,其中套栽2行莴笋,套栽的行距为38.6厘米。而套种的平均行距为66.6厘米,株距26.4厘米。每667米²栽植密度为3747株。

(五)套种的特殊栽培管理

小麦、辣椒同莴笋套种时,莴笋要于上一年8月下旬至9月初播种育苗,等苗子长到3~4片叶时移栽。如使莴笋早上市,应采用地膜覆盖栽培。移栽时浇水1次,促进缓苗。越冬莴笋在土壤营养不足、供水过多或过少的情况下,容易造成早期抽薹现象。因此,应结合小麦冬灌追施厩肥1次,开春后结合小麦春灌追施速效尿素1次。以后,在茎部迅速膨大期再结合灌水追肥1~2次。如果下部老叶已发黄应及时摘除,以改善田间通风状况。

(六)套种的经济效益

小麦、辣椒与莴笋套种,一般每667米²小麦产量为400~500千克,产值560~700元;辣椒产量为200~250千克干椒,产值1600~2000元;莴笋产量为1700千克,产值560元。合计三种作物套种每667米²产值2660~3000元。

三、辣椒与马铃薯、糯玉米(或甜玉米)套种

(一)套种组合的特性与优越性

马铃薯富含蛋白质和淀粉,是一种重要的工业原料,茎秆也是很好的绿肥和饲料,块茎还是重要的出口蔬菜和粮菜兼用的品种。糯玉米(或甜玉米)是近几年迅速兴起和发展起来的美味蔬菜和健康食品。而辣椒更是传统的营养、美容、保健蔬菜和调味品,也逐渐成为制药工业的原料。三种作物的发展均有广泛的前景。三种作物组合套种有助于防虫、互相保护和促进土壤营养平衡的利用,产生良好的生物学互助效应。例如:马铃薯在作物栽培制度中是良好的前茬,对其后茬作物和间作套种的作物能创建良好的土壤环境。玉米对马铃薯和辣椒均具有防寒保暖、防暑降温、防虫治病的作用。另外,这三种作物组合套种的复合群体中,可以比单一种植形成良好的小气候。马铃薯植株比较矮小,生育期较短,生长过程中喜欢凉爽的气候,因此,喜欢同高秆作物套种。而玉米同马铃薯套种,可为马铃薯生育创造出适宜的田间小气候环境,促进马铃薯产品器官——块茎的膨大。而辣椒又是一个光中性作物,在高温期适当地遮荫反而有利于辣椒更好地生长发育,这就是保护地栽培的辣椒比露地高产的原因之一。而玉米与辣椒合理套种可减少辣椒生育过程中的光照强度,降低高温期不适宜辣椒生育的温度,同时,玉米行间形成的通道也有利于田间通风状况的改良,更有利于辣椒生产效率的提高。这种类型的套种组合,是由江苏省农业科学院蔬菜所王述彬研究员(2006)通过调查研究总结出来的。

(二)套种的配比与结构

作物套种的前半期是马铃薯与玉米共生,虽然马铃薯播期比玉米的播种期早2个月,但马铃薯植株矮小,共生的前期没有明显的一高一低的分层复合群体结构。马铃薯5月下旬至6月初收获后把事先培育好的辣椒苗栽植于玉米的行间,每隔1行玉米套种2行辣椒,从而形成玉米高于辣椒的二层复合群体结构。

马铃薯与玉米套种时,是每隔2行马铃薯套种1行玉米,构成2:1的行数比,马铃薯收获后,在其处栽植2行辣椒,至此,玉米与辣椒套种构成1:2的行数比。具体套种的配比结构和田间配置设计见图4-7。

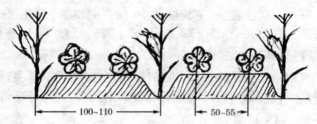

图4-7 马铃薯与糯(甜)玉米套种的田间设计 （单位:厘米）

糯玉米与辣椒套种的配置与设计,与马铃薯套种糯玉米相似,只是马铃薯收获后,在原来种植马铃薯的位置上移栽上辣椒而已。

(三)套种的密度

马铃薯种植的行距为50～55厘米,株距为25厘米,每667米² 种植5 336株或4 850株。套种糯玉米的行间距为100～110厘米,株距为20厘米,每667米² 种植3 335株或

3 032 株。辣椒移栽的行距同马铃薯的行距相同,为 50～55 厘米,而移栽株距扩大为 30～40 厘米,每 667 米² 栽植 3 335 株或 3 032 株。

在不同的生态气候区,由于田间管理水平不一,生态气候环境对作物影响的差异和选用套种品种性状的不同,种植套种作物的密度也应随之变化,在具体设计田间套种配置和密度时,应结合各地的具体情况和实践生产经验而定。

(四)品种选择

马铃薯应选择早熟、优质、高产,抗病性强,芽眼少而浅,休眠期特短,薯块大而整齐,商品率高和适宜早春地膜覆盖栽培的品种,如中薯 3 号、东农 303、津引 8 号等。糯玉米应选择优质、高产、糯性较强,生长期适中,株型紧凑,抗病性强的品种,如江南花糯、江南白糯、陕白糯 11 号、渝糯 1 号、渝糯 2 号、渝糯 7 号等。

辣椒应选择长势健壮,抗热性、抗涝性强,株型紧凑,结果比较集中,坐果率高,抗病毒病和疫病的品种,如江苏 2 号、湘湖 3 号、苏椒 12 等。

品种选择应考虑到地方消费者的食用习惯和市场的需求状况。如马铃薯,有些地方喜欢黄肉品种,有些地方则喜爱白肉品种。不同的地域辣椒果实形状、果皮起皱与否、果皮色泽、辣味的有无与强弱等都存在明显的差异,在选择套种品种时,应予以考虑。

(五)套种的特殊栽培管理

1. 马铃薯 马铃薯的块茎上有许多皮孔呼吸强度较高,块茎膨大排土能力强,种植地应选择富含有机质、质地疏松的土壤。同时,实施高畦栽培。另外,马铃薯块茎见光后易发生发绿变质现象,培土成垄覆盖块茎,使之始终处于黑暗条件下膨大,则为栽培的重要措施。建立强大的枝叶同化系统,是结薯的基础。马铃薯自出苗展叶到 6 ~ 8 片叶时即进入团棵期,此期应以促根壮棵的栽培措施为基础,应早施速效性氮肥,浇水与中耕相连。之后枝叶继续扩大,主茎开始急剧拔高,在较短时间内即可建立起强盛的同化系统。到植株开始封垄,应行中耕保墒,并结合中耕逐步培土成垄,但不能埋住主茎上的功能叶。当第一花序开花时为结薯期,块茎迅猛膨大,同时大量茎叶的光合作用和地面蒸发,使其在初花、盛花、终花等三个生育期对水分的缺乏反应敏感,应当在此期维持土壤处于湿润状态,需要及时浇水。块茎的采收则应选择晴天土壤处于干爽时进行,以利于提高块茎的品质和耐贮性。

2. 糯玉米 玉米是氮素营养需求为主的作物,又是高光效的 C_4 植物,生产潜力很大,合理的肥水管理是稳产、高产和优质的基础。应在其生长发育的关键时期,如播种期、7 叶期和 14 叶期及时浇水和追肥。玉米植株开始吐丝后 23 ~ 28 天内,应及时采收鲜食果穗,过迟就会严重影响其商品价值,造成严重经济损失。

3. 辣椒 由于此种组合套种辣椒的育苗期比常规栽培要迟,至 4 月下旬才播种育苗,至 6 月份移栽,温度和光照强度迅速增高,因此辣椒应采用高畦或平畦覆盖防虫网和遮阳网实施营养钵育苗。同时,加强水分管理,注意防治蚜虫、病毒病和灰霉病等病虫害。移栽后和发棵期,盛花期和盛果期,均应注意及时浇水施肥。

(六)套种的经济效益

马铃薯每 667 米^2 栽植 3 176 ~ 4 446 穴,产量 2 250 ~ 2 500 千克,产值 1 125 ~ 1 250 元;辣椒每 667 米^2 产量 1 500 千克,产值 3 000 元;糯玉米每 667 米^2 产鲜食果穗 3 000 个,产值 1 500 元。三作物组合套种每 667 米^2 总计产值 5 625 ~ 5 750 元。

第五章 辣椒与经济作物和果树套种

一、辣椒与甘蔗套种

(一)套种组合的特性与优越性

辣椒与甘蔗套种在华南盛产甘蔗的广东、福建、浙江、海南等热带和亚热带地区实施。这种套种方式两种作物同为经济作物,单位面积生产效益较好。其中的甘蔗是我国最重要的制糖原料,它的综合利用价值较高,制糖所剩余的残渣是轻工业、医药化工、有机肥生产的原料、食用菌栽培的培养基和畜牧业的饲料。甘蔗还是高光效的 C_4 植物,其单位面积的光能利用率和土地生产率都比很多作物高。它又是具有强大须根系的禾本科作物,在作物耕作制度改革中发挥的作用比较突出。它与辣椒合理套种,不仅可以降低或避免辣椒的连作障碍,同时还具有改良土壤、培养地力、防治病虫害的效应。在甘蔗剥叶的过程中,将大量的老叶撒落于田间,可覆盖地表面,减少土壤水分蒸发,降低雨水冲刷和高温期降低根际温度,为辣椒的生长发育创造较好的小气候生育环境。

辣椒属光中性作物,高温强光气候不利于它的生长,而甘蔗植株高大、叶量很多,又是需要强光照射的高光效的 C_4 作物,二者组合套种在田间形成高低相间的带状式通道,不仅能有效改善复合群体内的通风透光状况,还可使甘蔗比单一种植获得更多的光照,而辣椒由于甘蔗的适当遮荫,有效降低了高温期辣椒所承受的过量光照强度,更有利于辣椒生长发育,使辣椒果实产量和品质都可得到提高,使这两种作物套种可达到相得益彰的效果。

在土壤营养利用方面,两种作物也有互补作用。甘蔗提高产量和品质,主要依靠氮肥和磷肥,而钾肥有使甘蔗口感与品质降低的作用,而在增强辣椒植株抗倒性和果实充分膨大过程中,钾元素能发挥很好的作用,因此,在套种作物的施肥方面应按照需肥特性而有所侧重。

(二)套种的配比与结构

依据广州市蔬菜科学研究所常绍东(2006)研究员的调查研究,广州市番禺区早就有甘蔗与辣椒套种的习惯。其套种的模式为2行甘蔗中间套种1行辣椒,套种的行数比为2:1。由于甘蔗植株高大,辣椒较矮,形成两个物种、两个立体层次和二级物质循环转化的复合生物群体结构。具体种植模式见图 5-1A。

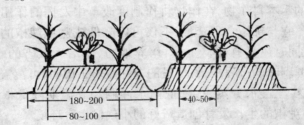

图 5-1A 辣椒与甘蔗 1:2 套种的田间设计 (单位:厘米)

但庄灿然认为,图 5-1A 的套种设计,可能甘蔗对辣椒遮荫面积较大,遮光量太多,对辣椒的生育有所影响,应当适当扩大辣椒的比例,由原来辣椒对甘蔗套种行数比的 1:2,增加到 2:2 或 3:2。使套种带幅由 180～200 厘米,增加到 220～

240厘米。具体的套种模式见图5-1B。

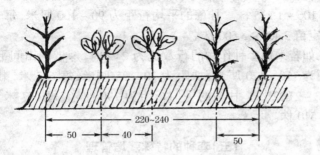

220~240

50 40 50

图5-1B 辣椒与甘蔗2:2套种的田间设计 （单位：厘米）

(三)品种选择

1.甘蔗品种选择 追求辣椒与甘蔗组合套种的主要是经济比较发达的我国南方城郊的甘蔗产区，为了获得更高的单位面积生产效益，以选择作水果用的果蔗类品种套种为好。在果蔗品种群内，应选择茎粗大、平直，蔗茎上部茎节均匀，节长达12厘米以上，节上叶痕干净，茎色新鲜悦目，无气生根，无水裂，茎上无斑纹，肉质脆软皮薄，嚼之酥软多汁清甜的品种。如潭州大蔗、福建白眉蔗、杭州青皮蔗、云南罗汉蔗和拔地拉蔗等。

2.辣椒品种选择 与甘蔗套种的辣椒应选择菜用的青椒类品种。作为菜用辣椒应从中选择果实肉质青脆、皮薄、中辣或微辣，丰产，抗当地常发病害和比较耐湿热而又适宜露地生产的角形椒品种，如辣优4号、湘研5号和辣优12号等。

(四)套种的密度

在辣椒与甘蔗行数比为1:2的套种模式中，辣椒田间的平均行距为 180～200 厘米,株距为 30～45 厘米,每 667 米² 栽植 1 106～1 235 株。甘蔗的平均行距为 90～100 厘米,每 667 米² 定苗 3 400～3 500 株。

如若采用套种作物的行数比为 2:2 时,辣椒的田间平均行距为 110～120 厘米,株距为 30～35 厘米,每 667 米² 栽植 1 588～2 022 株。甘蔗的平均行距为 190 厘米,每 667 米² 定苗 3 510 株。

(五)套种的特殊栽培管理

1. 甘蔗的管理 甘蔗类作物,尤其是果蔗具有非常发达的须根,深厚疏松肥沃的土壤是其生长良好的基础,因此首先要深耕土地,结合增施有机肥。种蔗的选择也是壮苗高产的前提,应从健壮无病的大茎品种的蔗茎上选择中上部的茎节作种苗。每 5～6 个芽砍为一节。

(1)下种 果蔗属热带物种,对温度要求比糖蔗高,应当在气温稳定通过 15℃时下种。

(2)施肥 我国南方种甘蔗的土壤多为红壤和黄壤,营养淋溶严重,有机质含量少,磷、钾元素缺乏,土壤结构不良,应当进行 30 厘米的深耕,结合重施有机肥。为了保持和提高果蔗的品质,应增施磷肥和氮肥,控制钾肥的施用量和施用期。磷肥和钾肥应集中施于栽植沟中,以减少被土壤固定。氮肥按照"少吃多餐"的原则,重点施于果蔗分蘖期、伸长期。忌施人粪尿和海肥(海产品的副品)。

(3)浇水 果蔗植株高大,叶多面积大,生长期长,叶面蒸腾和地面蒸发要消耗大量的水分,只有及时供应足够的水分,才能维持正常的生理和生态需求。对果蔗而论,浇水与产量是正比关系,因此,除了苗期和生长后期保持田间湿润状态外,伸长期应使套种沟内保持水层状态。

(4)剥叶 成株时,应将蔗茎上第九片叶以下的老叶剥去,并留在田间覆盖地面,以改善田间通风透光状况,使茎秆更加坚实、增加防风抗倒能力,减少病虫滋生。一般 15～20 天剥叶一次。

(5)围篱 南方甘蔗产区容易遭受大风和台风的侵袭,在甘蔗生长后期,植株高达 150～180 厘米时,为了防风固蔗,应当用剥下的叶片 3～4 片集扭成一束,将每 3 株的茎束在一起形成围篱。这样可减少风吹日照,使果蔗色鲜、汁多、嫩脆。

2. 辣椒的管理 由于辣椒与甘蔗套种时,对甘蔗的管理基本上就可以满足辣椒生育的需求,只是辣椒以生殖器官产品作为生产目的,在同果蔗套种时应在辣椒的坐果期、盛花期、盛果期结合浇水追施速效氮肥。同时,用尿素占 0.4%,磷酸二氢钾占 0.4%,硫酸锌占 0.05%,硼酸和硫酸镁各占 0.05% 和亚硫酸氢钠占 0.1% 的复合肥液进行叶面追肥,以便在高温期达到保花保果和减少光呼吸消耗之目的。同时,南方气候高温潮湿,病虫害发生较为严重,除与甘蔗套种可减少病虫害发生外,还应注意及时防治容易发生的病虫害。

(六)套种的经济效益

辣椒与甘蔗套种时,每 667 米^2 辣椒产量 500～750 千克,产值 800～1 000 元;甘蔗产量 7 500～9 000 千克,产值 6 000～7 200 元。两种作物套种合计每 667 米^2 年产值 6 800～8 200 元。

二、辣椒与花生套种

(一)套种组合的特性与优越性

花生属于豆科作物,根上同样可以共生大量的固氮根瘤菌,把空气中的氮气固定于土壤之中,因此辣椒与花生的组合套种是一种用地养地效应很好的耕作制度。花生还是重要的油料作物之一,含油量高达 45% ~ 55%。其他营养成分的价值也较高,蛋白质含量达 27% ~ 30%,可消化率高达 92% ~ 95%,维生素 E 和 B 族维生素的含量也相当丰富。另外,热能效用也非常高,100 克花生的热量相当于粮食的 150%。花生的综合利用价值也很高,生物学产量的利用率高达 90% 以上,其中茎叶是营养价值很高的重要饲料,它所含有的饲料单位高于一般作物,花生壳更是很好的饲料和化工原料。由此看来,发展辣椒与花生套种对大农业和畜牧业的可持续发展都有促进作用,对提高人民的生活水平也有好处,对发展节约型农业与循环农业也是一个较好的例证。

花生的植株形态属于矮生平展型。其叶虽小,但其叶面积指数可达 3 ~ 4.5,像甘蔗那样对地面覆盖度好,有利于减少地面蒸发,减少浇水量。更有趣的是它的叶还像向日葵的花盘那样,随着太阳光入射角度的变化而改变受光姿态,从而提高了对光能的利用效率,这是一种更适宜同辣椒套种的较好的生物学特性。与此相反,辣椒的植株远高于花生,而且又是一种喜欢通风透光良好、土壤湿润而空气干燥的植物,在辣椒与花生套种的组合中,辣椒植株的个体产量不仅能得到提高,而且辣椒果实的色泽和内在品质也会有明显的改善。

研究表明,花生作为豆科作物之一与辣椒套种,不仅本身有"氮肥制造工厂"的效能,并且它的根系分泌物还具有提高土壤活力和刺激茄科类蔬菜(包括辣椒)良好生长发育的作用。

(二)套种的配比与结构

辣椒与花生套种的模式,据著名的蔬菜专家吕继麟介绍,20世纪70年代就在四川省广泛应用,直到现在还在粮食产区继续采用。据黄启中(2006)调查研究,辣椒与花生套种的行数比为2:4较好,即在280~300厘米的套种带幅内,中间种4行花生,花生两侧各栽植1行辣椒。由于辣椒植株比花生高,因此在套种的共生期间就形成高低二层复合群体结构。具体套种的田间设计见图5-2。

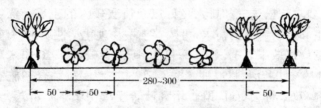

图5-2 辣椒与花生组合套种的田间设计 (单位:厘米)

(三)品种选择

1. 花生品种选择 花生应选择株形直立或半直立丛生型的疏枝、大果、多果、结果集中,经济系数高、产量高、丰产潜力大的中熟品种,如豫花1号、豫花2号、海花一号、徐州68-4、花37等。

2. 辣椒品种选择 与辣椒套种小麦中的相同。

(四)套种的密度

如若选用丛生型花生品种套种,行距应保持在 30~40 厘米,而套种田的平均行距为 50 厘米,每 667 米² 实际种植花生 4 446 穴,8 852 株。陕西线辣椒的一般行距为 66~70 厘米,穴距为 30 厘米,套种时,由于单位面积的栽种株数大大减少,通风透光状况大大改善,栽植的行距可降到 50 厘米,穴距减少到 26 厘米,而套种的实际平均行距为 100 厘米,每 667 米² 栽植 2 565 穴,5 130 株。如若土壤肥力不足,栽植株行距可适当缩小一点。

(五)套种的特殊栽培管理

1. 花生 花生同甘薯一样都是食用器官在地下生长发育,要求疏松透气和排水良好以及耕层较深的土壤。深耕是花生和甘薯共有的需求,可改善土壤物理化学性质,具有较明显的增产效果。据试验,深耕 30 厘米者较耕深 20 厘米者增产 17%,如若深耕 50 厘米可增产 30%。深耕结合增施有机肥料,效果将会更好,既扩增和改善土壤中微生物群落,又可增强花生的抗逆性,尤其是抗病性。

在栽培形式上,花生更适宜高畦栽培或垄作栽培,如果结合地膜覆盖会产生更加良好的效果,除了提高土壤温度、保持土壤疏松和土壤墒情、促进前期早发、加快荚果形成和增加子粒饱满度外,增产效果也更明显,一般地膜覆盖栽培可增产 20%~40%,单位面积增产量为 3 250 千克/公顷。但要在出苗时及时将幼苗周围的表土扒开(俗称"清棵"),使子叶节直接见光,使侧枝出膜和早生快发,这样会收到节短而粗壮、有效花多、结果多、饱果率高的效果。此措施平均可增产

12.9%。

实施地膜覆盖栽培后,在花生生长发育的过程中,难以进行土壤追肥,要在做畦和覆膜之前,将花生按计划产量所需的肥料一次施入地中。一般施肥标准按每生产 100 千克花生所吸收的纯氮 5.45 千克、五氧化二磷 1.04 千克、氧化钾 2.62 千克计算,安排计划产量所需的施肥量。

除此之外,还应重视关键生育期的叶面追肥。由于幼苗期(从 50% 出苗至第一朵花开放)是根系、侧枝和有效花芽的基本形成期,花针期(从始花至 50% 植株出现幼果)是大量开花与大量结果的时期,结荚期(从幼果出现至 50% 植株出现成熟果)是营养生长和生殖生长的高峰期,都是对营养需求比较敏感的时期,如若营养缺乏,会造成不可弥补的损失。尤其是在始荚期后到结荚期需磷元素较多,吸收量占整体总吸收量的 70% 左右。因此,在这三个生育时期,应当应用 0.6% 磷酸二氢钾、0.4% 尿素和 0.01% 硫酸锌的复合肥液进行叶面追肥,每隔 7~10 天施 1 次。

花生的耐旱性虽较强,但如若在幼苗期、花针期、结荚期和饱果成熟期缺水干旱,也会对结果数、果实饱满度和单位面积产量造成明显的损失,这些时期若遇干旱也应及时浇灌补水。

2. 辣椒 辣椒的栽培管理与辣椒和小麦套种中所列相同。

(六)套种的经济效益

在重庆和四川,辣椒同花生套种时,每 667 米^2 辣椒产量为 1 100 千克,花生产量为 250 千克,其产值分别为 1 650~2 200 元和 625 元,二者套种每 667 米^2 总产值为 2 275~2 825 元。

三、辣椒与棉花套种

(一)套种组合的特性与优越性

甜椒与棉花套种从大概的意义上讲是不大适宜的,因为二者有共同的病害和虫害,如棉花的枯萎病和黄萎病也可侵染茄果类蔬菜,棉花上的棉铃虫和红蜘蛛也为害辣椒果实和叶片。但只要通过科学的结构设计、组合品种的合理选择和生长发育的有效调控,就可把共生中可能发生的相互抑制转变为相互促进以及共同的发展和提高,从而达到避害趋利和优质、高产、稳产、高效之目的。河北省农林科学院经济作物研究所范妍芹研究员(2004)就是在上述基础上研究成功甜椒与棉花套种的新组合与结构,并已在河北省棉区推广应用,其经济效益比棉花单种或甜椒单种都有明显提高,经济收入可达 2 800 ~ 3 200 元/667 米^2,子棉产量达 204 ~ 300 千克/667 米^2,甜椒产量达 2 000 ~ 3 000 千克/667 米^2。同时,能充分利用时空,前期让甜椒充分发育,7 月下旬甜椒拉秧后,给棉花让出充分的空间,改善通风透光条件和生育环境,使棉花个体与群体得到良好发育,不仅成桃率提高,而且棉花的质量也有显著提高。同时,使棉花由一年一季作改变为棉辣两季作。这种套种组合前期以生产甜椒为主,后期确保棉花优质高产。从某种意义上讲,由于二者有共同的病虫害,每次药剂防治使两种作物可以同时兼防,从而达到事半功倍的效果。在甜椒与棉花共生的时期内,由于甜椒实施带蕾移栽,栽后生长速度较快,在前期气温较低的情况下,甜椒对棉花发挥着生物屏障保护、防寒、升温的作用,有助于棉花播种后提早发芽出土,再加上甜椒拔棵之前,病虫防治均以甜椒为主(兼防棉花),这样就给棉花前期的生长发育创造出一个无病虫(或少病虫)害的生育环境,有利于棉花的苗壮成长。棉花又是一种强光照作物,7月中下旬甜椒拔棵后,正是棉花进入旺盛生长时期,由于甜椒的拔棵,使棉花的大行距达到近80厘米左右,单一群体内的通风透光状况得到明显改善,对棉花的优质高产,特别是优质生产发挥着重要作用。

(二)套种的配比与结构

辣椒与棉花套种常采取小高畦地膜覆盖栽培,畦高10~15厘米,畦面宽80厘米,两畦间沟宽40厘米。在每个小高畦的畦面两边晚霜期过后各栽1行辣椒。辣椒实行穴栽,每穴栽植2株,穴距33厘米。辣椒定植前,在每个小高畦的正中间,合墒播种1行棉花,每穴播种2~3粒种子,穴距35~45厘米。如上所述,棉花出苗后,直到7月下旬甜椒拔棵之前,田间就形成辣椒与棉花的行数比为2:1的配比,以及辣椒高于棉花大于棉花的空间二层复合群体结构。而在棉花出苗前和辣椒拔棵之后,田间只是由单一的作物构成单一元素的群体结构。

辣椒与棉花套种构成的二层群体结构,只要组合搭配得当,科学设计,彼此能充分发挥其生物学互助效应,最大限度地减少或降低其生物学互抑作用,并充分而全面地利用自然资源,再通过栽培措施人为地做好生长发育调控,既可以节约资源,又可获得成倍的增产效益。

辣椒与棉花套种的配比结构与田间设计见图5-3。

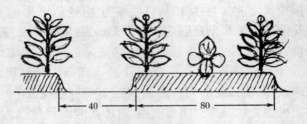

图 5-3　甜椒和棉花 2:1 套种的田间设计　（单位:厘米）

(三)套种的密度

在甜椒与棉花实行 2:1 行比套种时,辣椒的平均行距为
60 厘米,穴距为 33 厘米,每穴 2 株,每 667 米^2 栽植密度为
3 368 穴,6 736 株。棉花行距为 120 厘米,株距为 35 ~ 45 厘
米,每 667 米^2 种植棉花 1 235 ~ 1 588 株。这种密度是依其选
择品种的生物学性状和植物学特征而定的。如若品种不同,
尤其是品种丰产性和株幅大小不同,则栽植密度也需随之而
变化。

(四)品种选择

甜椒与棉花套种的成功主要在于正确选择套种的品种,
通过品种生育期长短差异的合理搭配,使原来可能产生的生
育矛盾,转化为协调发展,互为相助,彼此有利。否则,将产生
相反的效果。因此,甜椒与棉花品种的选择,应当体现对彼此
生育有利之品种。

1. 甜椒品种选择　甜椒应选择生育期较短,开花结果期
和采收期比较集中,而且果实较大,性状较优,丰产性好,前期
产量高,综合抗病性较强,7 月下旬可拔棵的早熟品种。据介
绍,冀研 6 号是比较适宜的早熟甜椒品种。

2. 棉花品种选择　棉花为全年庄稼,因此应选择耐寒性和抗病性较强,7月下旬后生长发育较快,长势健壮,伏前花多,成桃率高,丰产潜力大,棉质优良的抗虫棉品种。目前,主要推荐选择的品种为立体2号、新棉33B、冀棉668、豫棉17、豫棉15等抗虫棉品种。

(五)套种的特殊栽培管理

甜椒与棉花套种时,对两作物的共生时期要求较短,欲达到甜椒7月中下旬能及时拔棵腾地,对甜椒应采取早熟栽培措施。主要有:一是提早育苗期,增温促生。1月中下旬应实施温床育苗;或日光温室内小拱棚育苗,并在播种后加盖地膜,达到三层薄膜增温,加快幼苗的生长发育。二是采取带蕾移栽,晚霜过后实施小高畦地膜覆盖栽培。三是加强甜椒防治病虫的管理,使之达到防一及二的目的。四是待甜椒四门斗坐果后,应适当疏花疏果,以防坐果过多造成小果、畸形果,并摘除下部老叶和病叶。由于甜椒栽培浇水相对较多,若有不慎易造成棉花徒长,事先应采用生长抑制剂缩节胺或矮丰灵进行叶面喷洒控制生长,到甜椒封行时使棉花保持高于甜椒5~7厘米。

(六)套种的经济效益

由于我国抗虫棉的培育成功和迅速地推广普及,使棉花生产大为改观,单位面积产量和产值均有大幅度提高,由过去每667米^{2}产皮棉不超过50千克,现在已达75千克,产值达到1 200~1 500元。套种的甜椒每667米^{2}产量达到2 000~3 000千克,产值达到2 000~3 000元。套种后总计每667米^{2}产值为3 200~4 500元,比单一种植棉花提高0.6~1倍。

四、辣椒与苹果、糯玉米套种

(一)套种组合的特性与优越性

苹果是我国北方地区栽培面积最大的果树类型,种植面积 189 万公顷,年产苹果 2 401 万吨,分别占世界的 36.2% 和 37.8%。但苹果幼树栽培须经过 3 年左右的时间才能进入结果期,而进入盛果期又需要几年。在这期间,4 米行距内一直被荒废,使土地白白浪费掉原有的生产能力,如若套种两种经济作物,则可弥补前期果树没有生产能力的损失。

另外,辣椒是一种需光性不太强的作物,在高温强光期给予适当遮光反而有利于其生长。而苹果属于喜光树种,夏季高温干燥的气候对其发育和提高果品品质有利。因此,辣椒与苹果套种能相辅相成,达到相得益彰的目的。

苹果树栽植行距多为 4 米,行间空隙较大,高温期光照强度仍然较高,对辣椒正常生育和防止病虫害有不利之处。如若在辣椒套种带幅中间种 1 行糯玉米,不仅可提高单位面积生产效益,还可减少或降低强光对辣椒的高温伤害。而玉米属于高光效需强光照的 C_4 作物,在 3～5 米的空间内种植 1 行玉米,使之没有拘束和限制地生长发育,从而达到果穗大、粒大、质优的目的。同时,双果穗率也会有明显的提高。

(二)套种的配比与结构

辣椒、苹果、糯玉米组合套种的配比,在苹果进入盛果期以前,辣椒与苹果套种的行数比,可能随着苹果幼树龄的增长有所变化,直到苹果近成株期套种宣告停止。一般苹果树幼龄期套种时,苹果、辣椒和糯玉米套种的行数比以 1:4:1 为宜,即 1 行苹果、4 行辣椒和 1 行糯玉米种植于一个套种带内。随着苹果树龄的增长,树冠不断扩大,上述套种作物的行数比应随之逐步缩小为 1:3:1,再缩为 1:2:1,甚至把糯玉米压缩掉,变成 1:2 的苹果与辣椒套种。直到苹果树长到成龄期(或成株期)时,完全停止与辣椒和糯玉米的套种。这时,也可改为苹果与耐阴性的牧草或绿肥作物套种,以培养地力和支持畜牧业之发展。下面以苹果幼龄期与辣椒和糯玉米的套种为例,详述其田间套种设计(图 5-4A,图 5-4B,图 5-4C)。

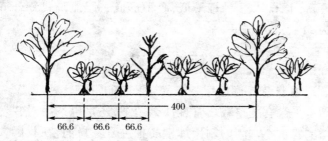

图 5-4A 苹果、辣椒和糯玉米 1:4:1 套种的田间设计
(单位:厘米)

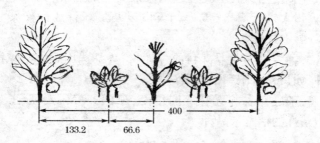

图 5-4B 苹果、辣椒和糯玉米 1:2:1 套种的田间设计
(单位:厘米)

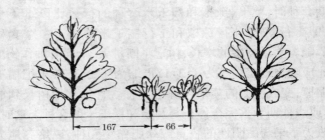

图 5-4C　辣椒与苹果 1:2 套种的田间设计 （单位:厘米）

由图 5-4A 可知,在辣椒、苹果和糯玉米组合套种中,苹果树最高,玉米次之,辣椒最低,套种形成三层浪阶式复合群体结构。

（三）品种选择

1. 辣椒品种的选择　作为苹果园的附带套种栽培,一般管理水平没有蔬菜栽培管理那么精细,还是以选择对栽培技术精度要求不太高的制干辣椒品种为宜。目前,在我国大多数省份都适应的优良品种有陕椒 168、陕椒 2001、8819 等线辣椒品种。爱吃辣的地区宜选朝天椒类型的品种,如日本天鹰椒、冀州大果天鹰椒、威远朝天椒以及最新育成的豫杂三樱椒、开封七姊妹等。

2. 苹果品种选择　目前,总的趋势是选用矮化砧嫁接的品种,如短枝富士和皇家嘎拉等。

3. 糯玉米品种选择　同小麦、辣椒、菠菜、大豆、玉米套种中选择的糯玉米品种。

（四）套种的密度

1. 辣椒的密度　先期辣椒与幼龄苹果树套种时辣椒的

实际行距为 67 厘米,而在套种 4 行辣椒阶段的平均套种行距为 100 厘米,穴距为 33 厘米,每 667 米² 栽植 2 021 穴,4 042 株。

进入到幼龄树的中期,随着苹果树冠的逐步扩展,每个套种带内只套种 2 行辣椒,实际栽植行距仍为 67 厘米,而套种的平均行距为 200 厘米,穴距仍为 33 厘米,每 667 米² 栽植 1 010 穴,2 020 株。直到幼龄树的末期,仍保持这个密度。

2. 糯玉米的密度 每个套种带幅内只种植 1 行糯玉米,其行距同套种带幅一样为 4 米,套种时实施穴植,每穴 2 株,穴距 33 ~ 50 厘米,每 667 米² 种植 500 ~ 334 穴,1 000 ~ 668 株。

3. 苹果的密度 随着栽培管理技术的提高,特别是矮化砧木的应用和短果枝新类型的出现,苹果的栽植密度发生了很大的变化,导致树体变小,栽植密度随之增加。目前,我国利用矮化砧 M26 嫁接的苗木较多,这类品种栽植的行距一般为 4 米,株距 2 米,每 667 米² 栽植密度为 84 株。如若利用乔化砧嫁接的树苗,栽植的株行距为 2.5 米 × 5 米或 3 米 × 4 米,每 667 米² 的栽植密度分别为 54 株或 56 株。

(五)套种的特殊栽培管理

在辣椒与苹果、糯玉米套种的组合中,由于苹果的抗寒性强,休眠期可耐 -30℃ 的低温。春季昼夜平均气温 3℃ 以上,地上部就开始活动,8℃ 开始生长。秋季白天温度高,夜间温度低,昼夜温差大的地区更有利于苹果优质高产。因此,栽植苹果首先应选择适生区,不能因为追求经济效益好而盲目乱栽。栽植苹果应选择在光照充足、年平均气温为 7.5℃ ~ 14℃ 的地区。

由于苹果是深根系树木,喜欢土壤深厚,以有效活土层60～70厘米深、质地疏松、透气性良好、pH 值为 5.5～6.7 的土壤最为适宜。因此,栽植时应挖直径 1 米左右、深 1 米的栽植坑,并分层施用大量的有机肥。

上述这些措施,不仅是苹果良好生育的基础,也是优质高产的重要措施之一,应当高度重视。其余栽培技术措施详见有关苹果栽培的专门资料,这里不再叙述。

辣椒套种的栽培管理,基本上与其他露地套种相似。只是注意随着苹果树冠的不断扩展,及时调整辣椒套种中的行数比例。糯玉米同普通玉米一样属于以氮肥为主的作物,应注意及时施用氮肥。播种前用 0.4% 尿素、0.6% 磷酸二氢钾和 0.01% 的硫酸锌复合肥液将种子浸 1 夜后,晾干合墒播种。出苗后,于 7 叶期、13～15 叶期各追速效氮肥 1 次。另外,鲜食糯玉米一定要在果穗吐丝后 23～28 天内及时采收。

(六)套种的经济效益

在辣椒、糯玉米和苹果的套种中,苹果在幼龄前期不结果实,即使是开始结果,每年的产量也不断变化,因此,在套种期间难以计算苹果的效益,这里仅把苹果园中套种的辣椒和糯玉米的收入,作为苹果园套种后的额外收入进行效益估算。

据统计,每 667 米² 苹果园套种的辣椒产鲜红椒量为 727 千克,价值 945 元,套种的糯玉米 1 000 株,产值 500 元,总计每年额外增收 1 445 元。

除苹果之外,在我国北方地区大多未成龄的幼龄果园,如栽培面积较大的梨园、桃园、枣园等均能与辣椒套种,套种的原理和模式基本相同,只是因为各类果树的栽植行距不一,整枝类型有别,树冠大小有异和发育速度快慢之差异,需要对其套种作物行数比作相应的变化即可。另外,幼龄果树园中套种的作物,也不要局限于辣椒,还可选择那些适宜套种而经济效益又比较好和具有良好的市场前景的作物,如豆类作物、瓜类作物和中药材等。

五、辣椒与柑橘、糯玉米套种

(一)套种组合的特性与优越性

柑橘是我国南方栽培面积最大的一种果树。柑橘由于树冠较大,根系深广而发达,所以栽植的株行距较大,但幼龄树期树冠很小,像苹果那样,行间留有大量的空地没有充分利用。如若实施与辣椒、糯玉米组合套种的耕作制度,能将土地的生产潜力充分利用和发挥。

幼龄时期的柑橘具有比成年树耐阴的特性,而且营养器官比生殖器官更加耐阴,这一特性使它具有适宜套种的条件。幼龄期同玉米套种,能起到一定遮光作用,降低高温强光期对树体的伤害,同时,玉米是高光效作物,除了套种帮助柑橘幼树更好生育之外,自己也得到比其单一种植时更多的光能利用,产生更多的光合产物,使玉米果穗更大,子粒更加饱满,营养品质变得更好。

辣椒属于光中性作物,对光照强度的反应不甚敏感,在自然光照下,适当的遮荫也有利于辣椒的生长和发育。许多实例证明,保护地栽培的辣椒和玉米套种的辣椒均比露地辣椒的单一种植时产量高。因此,辣椒同柑橘、玉米套种,不但单位面积产量高,品质好,而且更有效地预防病毒病、炭疽病、疫病对辣椒的严重伤害,也降低了蛀果性害虫的影响。

另外,套种组合中三种作物根系入土的深度大不一样。柑橘根系入土最深;玉米次之;辣椒最浅,主要根系仅分布于25厘米的土层中。由于三者主要根系在土壤中分布的层次差异明显,因此对土壤营养的利用更加充分,使土壤的生产潜力能得到更好的发挥。

(二)套种的配比与结构

柑橘幼苗栽入园中后,随着生长逐渐地扩展起树冠,套种作物的配比与结构也随之有所变化。栽后3年内,当柑橘栽植行距为4米时,柑橘、辣椒、玉米的行数比为1:4:1(图5-5A);当柑橘栽植行距为3米时,柑橘、辣椒、糯玉米的行数比为1:2:1(图5-5B);当柑橘树冠结果时,将套种组合改为柑橘同辣椒的套种行数比为1:2(图5-5C)。直到柑橘树冠直径扩大到2米以上时,终止套种。

在这三种作物套种的过程中,最初为玉米最高,柑橘次之,辣椒最低,三者形成三层浪阶式复合群体结构。随着柑橘树冠的扩大,幼树中期树体高于辣椒,从而形成二层复合群体结构。

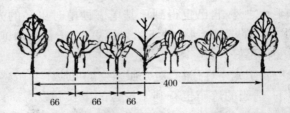

图5-5A　柑橘、辣椒、糯玉米1:4:1套种的田间设计　(单位:厘米)

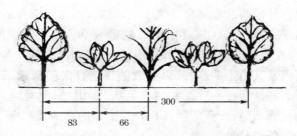

图 5-5B　柑橘、辣椒、糯玉米 1:2:1 套种的田间设计　（单位:厘米）

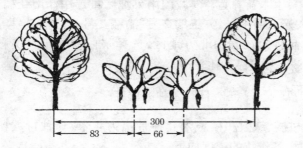

图 5-5C　柑橘、辣椒 1:2 套种的田间设计　（单位:厘米）

(三)品种选择

1.柑橘品种选择　柑橘为热带果树,不同的柑橘种类其对温度要求是不一样的。如温州蜜橘类果树,它安全的适生区最低温度界限为 -9℃,而甜橙和柚子类果树适生的最低温度界限为 -7℃,因此对柑橘类品种的选择应结合当地的气候条件,特别是温度条件而定。据重庆市蔬菜研究所黄启中(2006)介绍,在重庆地区适宜选择的品种为梨橙、锦橙和橘橙。在浙江地区,以选择黄岩蜜橘和温州蜜橘为宜。

2.辣椒品种选择　果园套种辣椒,不论南方或北方,均以选择制干辣椒类型的品种为宜。实践证明,全国大多数地区均适宜种植西北农林科技大学庄灿然教授主持选育的辣椒系列品种，如陕椒2001、陕椒168、陕椒8819等。在食用椒较多、耐辣性较强或向日本出口的地区，适宜选择原从日本引进的天鹰椒及其衍生的品种，以及近两年选育出的豫杂三婴椒和开封七姊妹杂种一代品种。在重庆、四川、贵州等地，有的可选用火锅椒品种，有的可选择容易出口的湖南玻璃椒、四川的新二金条等品种。

3. 糯玉米品种选择　我国南方地区可选用江南花糯、江南白糯、苏玉糯1号、苏玉糯2号、渝糯2号和渝糯7号等杂种一代品种。在我国北方地区，选择陕白糯11号、陕彩糯301、秦糯1号等品种比较适宜。

(四)套种的密度

在柑橘、辣椒和糯玉米套种带幅为4米、套种行数比为1:4:1时，各作物的密度如下。

柑橘：套种行距4米、株距3米时，每667米^{2}栽植密度为56株。

辣椒：套种的实际行距为66.6厘米，而套种的平均行距为100厘米，穴距33.3厘米，每667米^{2}实际套种2 022穴，4 044株。

糯玉米：套种行距4米，穴距0.33米，每穴2株，每667米^{2}套种501穴，1 002株。

在柑橘、辣椒和糯玉米套种带幅为3米、套种行数比为1:2:1时，三种作物套种的密度如下。

柑橘：柑橘套种行距3米、株距3米时，每667米^{2}栽植74株。

辣椒：套种的实际行距为66.6厘米，而套种的平均行距为 1.5 米,穴距 33.3 厘米,每穴 2 株,每 667 米² 栽植 1 361 穴,2 722 株。

糯玉米:套种的行距 3 米,穴距 0.33 米,每穴 2 株,每 667 米² 套种 674 穴,1 348 株。

(五)套种的特殊栽培管理

在这个套种组合中,柑橘属热带作物,抗寒性差是柑橘类果树的共同特点。正因为如此,冷害是生产上的重要灾害。除选择比较抗寒的品种外,在容易遭受冻害的地区,越冬时应采取围干保暖和覆盖树盘的措施。

栽种柑橘多在山坡地带。由于根系不耐水淹,在南方雨多的条件下,选择比较好的山坡栽种要比水田为好。另外,柑橘根系发达,选择土层比较深厚、质地比较疏松、有机质含量比较高、坡度平缓的田块更好。至于北坡好还是南坡好,要看光照和温度情况而定。在温度较低的适生区内以南坡地为好,有利于果树的生长发育;而在光照较强、温度较高的适生区内,以选择北坡为宜,因为北向坡面受光照量比较少,地面蒸发量较小,土壤含水量较多,同时昼夜温差较大,容易获得良好的结果能力。

柑橘在南方栽种是一种全年常绿的果树,周年蒸腾和蒸发量大,全年为 750 ~ 1 250 毫米,栽植时选择年降水量为 1 200 ~ 2 000 毫米的地域更为合适。

坡地套种有利于防御雨涝灾害,但降雨时容易发生水土流失现象,这对套种辣椒和玉米作物来说都是有害的,对柑橘也没好处。因此,柑橘、辣椒和玉米应采取等高垄或等高畦、等高鱼鳞坑栽植。除能防治水土流失、增加栽培土层厚度、改善土壤生育环境外,又可保持土壤水分和便于田间管理。同时,对土壤含水量比较敏感的辣椒和玉米来讲,可以创造防涝、防旱和更适宜生长发育的土壤条件。其他管理大都与同类作物前述过的相似。这里特别强调的是,糯玉米应于果穗吐丝后 23～28 天及时采收,否则很容易失去鲜食价值,严重影响生产效益。

(六)套种的经济效益

柑橘是在尚没结果或刚开始结果时期套种,几乎没有或仅有少量不易估算的效益,这里套种经济效益的估算主要是给果园套入的辣椒和玉米两种作物的套种效益,或称之为柑橘园幼龄期额外收入的效益。

在柑橘、辣椒、糯玉米套种行数比为 1:4:1 时,每 667 米² 辣椒的产量为 750 千克,产值 1 000～1 500 元;每 667 米² 种植糯玉米 1 002 株,产值 1 000 元。两作物合计,套种的额外增收 2 000～2 500 元/667 米²。

在三作物套种的行数比为 1:2:1 时,每 667 米² 辣椒产量为 425 千克,产值 850 元;每 667 米² 糯玉米产鲜食果穗 1 347 个,产值 1 347 元。两作物合计套种的额外增收 2 197 元/667 米²。

第六章　间作套种应注意
的几个关键问题

辣椒间作套种尽管有很多优越性，能够显著地提高生产力，增加单位面积生产效益，对加深农业开发，解决人口与土地、粮食逆向发展问题具有战略性的意义和极重要的作用。然而，意义的大小和作用的发挥，有待于间作套种过程中对若干关键技术的科学安排与核心问题的巧妙解决。

一、作物种类的组合

搞好间作套种作物的组合搭配，应选择生物学互助作用最大、抑制作用最小的作物种，组成间作套种。首先，采用具有生物化学互相促进，彼此保护上部器官和根系分泌物(包括生物刺激物质、抗生素物质)，能促进间套作物生长发育的作物种组成间套组合。其次，还应采用生长期长的和生长期短的，植株高的和植株矮的，根系浅的和根系深的，株态开张型的和直立型的，喜光的和耐阴的，喜湿的和耐旱的，喜氮的与需磷、钾多的，以及共生期生育高峰可以错开的等植物学性状具有差异互补(助)的作物种组成间作套种。

二、间作套种品种的选择与搭配

作物种间套种组合确定之后，品种的选择和搭配也是影响套种效应的重要因素。一方面，不同品种具有不同的植物学特征和生物学特性,对组成的间作套种会产生不同的影响;另一方面,不同的套种组合和不同的套种结构,对品种的要求和品种遗传潜能发挥也不相同。为了保证复合群体良好发展和套种品种遗传潜能的发挥,以及边际效应的充分利用,间套品种的选择与搭配应注意从以下三个方面考虑。

(一)选择边际效应值和产量保证率高、遗传增产潜力大的品种

尽管各种作物的不同品种都具有边际优势的生物学现象,但是不同品种间边际效应值是不一样的。边际效应值越高的品种,套种与单种相比,单位面积产量的保证率越高。如若品种套种组合搭配得当,彼此互相帮助,互相促进,品种就能最大限度地发挥遗传增产潜力,使产量的保证率接近或达到100%。同时,随着间作套种中边际效应的发挥,遗传增产潜力的挖掘,要求间套品种应是具有很大遗传潜力的高产抗病品种,使之利用间套栽培,在有限的时空内获得最大的生产效益。

(二)选择能够组成良好复合群体结构的品种

在间作套种中,边际效应的发挥与利用,主要取决于间套作物品种所构成的群体结构。不同的群体结构,具有不同的通风透光条件、温湿度环境、光合效率,直接影响着群体和个体的生长发育及其生产能力。为了构成理想的群体结构,应选择具有不同性状品种进行组合搭配。

1. 选择具有不同熟性的品种 不同的品种,在间套过程中所处的地位不同,作用不一,对熟性的要求也不一样。例如,小麦辣椒套种,辣椒玉米套种,就应当选择熟性较早的小

麦、玉米品种,缩短对辣椒的遮盖时间,促进植株生长,加速果实红熟。辣椒与豆类作物套种,则需要选择晚熟的菜豆或豇豆,以利于产生更多更长时间的生物学促进作用和保护效应。

2.选择植物高度不同的品种 间套种除生物化学互助外,还存在生物机械保护作用。为了防止风害,发挥高温期遮荫降温的功能和低温时期的防寒保暖作用,都需植株较高的作物,对与其具有相反性状的作物起保护作用。例如,玉米、架豇豆、架菜豆、小麦等在同辣椒共生时期,利用其植株的高度,对辣椒发挥生物的和机械的保护作用。

3.选择需光反应不同的品种 间作套种虽然能够更好地利用光能,提高光合效率,但是品种间仍然存在着对光照强度适应的差异。套种作物间有高有低,植株高的作物应当选择喜光的品种,相对较矮的作物应当选择耐阴的品种,这样才可利用群体层次差异各得其所。

4.选择株型和叶形不同的品种 为了减少套种作物间的遮荫效应,增强通风透光作用,套种的作物,尤其是植株较高的作物,应当选择株型紧凑、叶片挺立、叶肉较厚、叶形较尖的品种,或者选择披针形或线形叶品种组合搭配,彼此协调,才有利于对光能和二氧化碳的充分利用。

(三)选择生育高峰可以错开的品种

间套品种在共生时期,如果生育高峰可以错开,田间群体形成错落有序的结构,就可创造良好的通风透光条件和产生较大的边际效应,确保套种的每种作物、每个品种都能生长发育良好,获得更高的群体生产效益。如果套种作物都在生育高峰时期共处,相互之间对光照、热量、水分、营养和所占营养面积等均会产生强烈的竞争,使之相互抑制,彼此损伤。

三、要有合理的套种配比结构

间套作物行数的配比,不仅决定着套种作物的主次,还直接构成不同类型的复合群体结构。通常套种的主作物应当具有较多的行数或占有较宽的间套带幅。次要作物与其相反,则占有较少的行(株)数,或较窄的带幅。这样,由于配比多少的不同,就构成主从群体结构。如果高矮两种作物实行带状套种,则可构成高低错落的二层结构,架菜豆与辣椒的套种就是这种结构。而小麦、辣椒、玉米三作物共生套种,则由不同大小生育阶段的植株,按 4~6:2:1 的行数配比,构成梯阶式套种结构。

不同套种的配比结构,直接影响着套种栽培的效果。良好的套种配比结构,不仅可以充分利用时空和光、热、风、水、资源,还能借助物种间共生互助作用获得高产。小麦、辣椒、玉米三种作物,由不同大小生育阶段的植株构成梯阶式套种结构。在套种前期,小麦是主作物。成株期的小麦一是可以为刚移栽的辣椒幼苗防风寒、打阳伞;二是可借助于辣椒小苗未利用的空间和土壤营养趁机发展,使小麦套种的单产接近单一种植的水平;三是干扰蚜虫向辣椒植株上飞迁,免除辣椒遭受到病虫害的危害,使辣椒单产比单一种植增产 50%。在套种的中后期,辣椒和玉米以 4:1 的行比构成双层结构,其中辣椒是主作物,需要利用玉米对辣椒执行生物的和机械的保护作用,保护辣椒获得更高的效益。假若间套作物主次倒置,增加套种玉米的比例,每 667 米² 栽种玉米数由 560 株增加到 704 株,使套种的配比和结构都发生变化,虽然使玉米产量增加了 16%,但辣椒的产量却减少了 33.27%,这是得不偿失的

(庄灿然、谭根堂、上官金虎,1989)。因此,套种时确立合理的套种配比,设计合理的田间群体结构,是十分重要的。

四、要科学选定套种的共生适期

所谓套种的共生适期,就是何时套种才能充分发挥套种的优越性。不同的套种时期,由于生育阶段的不同,作物间保护作用的变化以及田间管理的偏离,套种作物间的关系,都可能发生复杂的变化,影响间套效应。根据资料报道和实践的体会,选定套种适期应考虑以下两点。

(一)错开作物之间的生育高峰

错开生育高峰可以使套种作物之间的剧烈生存竞争变成和睦相助。例如洋葱或大蒜与辣椒套种,正当前者生育高峰时期,辣椒以小苗与其共生,不仅没有明显的对空间和土壤的竞争,而且产生良好的互助作用,前者为后者进行环境消毒、防寒挡风,后者为前者让出一定的空间和土壤营养促进其良好发育,从而产生较好的互助作用。

(二)在最大的保护时期套种

目前,对辣椒能起保护作用的主要作物有麦类、玉米、架菜豆和高粱等。然而,这些作物保护作用的发挥必须在最大保护作用的时期套种。春玉米套种就比夏玉米套种具有更强大的保护作用,不仅可减少蚜果害虫为害,又能防治病毒病的流行。辣椒与小麦套种,25～30 天的共生期则可使病毒病发生率减少 80% 以上,而 7～10 天的共生期不产生明显的防病作用。如果共生期超过 35 天,辣椒就会徒长。因此,在最适保护期套种会使辣椒获得更高的生产效益。

五、要注意用地和养地相结合

间作套种由于多种多收，一地多用，地力消耗加快，容易使土壤变得贫瘠，再加上套种作物的接茬很紧，很少进行深耕和增施农家基肥，使土壤对施用化肥反应钝化、结构变劣，土壤环境日益恶化。如果只种地不养地，实行掠夺性套种，后果更坏。因此，在套种过程中，既要用地，更要重视养地，实行种养结合，使土壤越种越肥，结构越变越好。那么，怎样培养好土地肥力呢？

(一)用豆科作物套种

这是众所周知的措施。豆科作物如菜豆、豇豆、花生等与辣椒套种，不仅可丰富土壤的氮素营养，而且菜豆根系分泌物还可提高土壤活力、刺激茄科蔬菜(包括辣椒)更好生长。

(二)用净化土壤的作物套种

引进具有净化土壤的作物参与套种，对清除污染、消灭病原起着重要作用。例如，大蒜、洋葱、大葱和辣根的根系含有大量杀菌素，与辣椒套种，既可杀死和抑制土壤中的真菌性病原，还可利用杀菌素中的挥发性物质，对辣椒叶部真菌性病害和某些害虫有杀伤、抑制和驱避作用。如引进十字花科植物，其所含的挥发性芥子油能强烈抑制杂草的滋生。所以这些具有净化土壤的作物，都能提高土壤的生产活力，起到养地作用。

(三)加强深耕,大量施用有机肥

实践早已证明,进行土壤深耕,并施入大量有机肥,是深化耕层、熟化土壤、改良土壤结构、提高土壤肥力、增强土壤活性和促进农业发展的基本措施。所以,间套地块应2～3年深耕一次,并结合深耕大量施用有机肥料或秸秆还田。

六、确定正确的行向

据资料介绍,高、矮秆作物间套,一般来说,东西向比南北向好。因为东西向接受太阳光时间较长,透光率高,照射量大,光能利用率高。特别是南方地区,效果更加明显。例如,华北地区夏天,东西行作物太阳直射时间全天为9.5小时,太阳辐射量每天每平方厘米518.4卡;而南北行,太阳直射全天只有6小时,太阳辐射量每天每平方厘米只有491.4卡。因此,东西向套种的作物比南北向套种的作物生长发育良好,产量提高10%～25%。另据庄灿然、谭根堂(1990)在陕西关中地区麦辣套种行内6月2日至3日测定:南北行比东西行的光照强度和地表温度以及蒸发量均高,南北行光照强度为3.17万勒克斯,地表温度为29.5℃,每667米^{2}地面蒸发量为0.76吨/日,而东西行分别为2.5万勒克斯、27.1℃和0.58吨/日。这表明,在夏季雨热同步温度高的季节套种,东西行的小气候环境更有利于作物生育和节约资源的投入。而冬、春、秋三季,由于太阳高度下降,东西行会产生较多较明显的遮光现象,而南北行则会透进更多的阳光,因此,在冬、春、秋三季套种时,则南北行向更有利于套种作物生长发育。

七、因地制宜,合理密植

这里说的因地制宜包括因地方不同和地力差异两方面。不同地理位置的自然条件、气候状况和无霜期长短差异很大,对作物个体的生育和群体结构影响也很不相同。因此,种植密度也不一样。比如,新疆维吾尔自治区的辣椒每 667 米^2 统计为 20 000 ~ 26 000 株。这是因为辣椒在新疆维吾尔自治区石河子地区生育期较短,单株结果多红熟不了,这样每株只结 5 ~ 8 个果,主要靠增加密度来增产。而陕西则相反,辣椒生育期长,每株可结果 50 个左右,甚至高达 100 多个,在这里个体发育良好会对总产的提高产生明显的作用。如每 667 米^2 超过 15 000 株,就会减产。但该地区的生育期也有一定的限度,也需要一定的密度保证。即使在同一地区,由于土壤肥力和当年天气趋势不同,也要求种植密度与之相适应。通常,地肥和涝年应当稀植,如 8212 品种一般每 667 米^2 栽植 8 000 ~ 10 000 株;瘦地和旱年应适当密植,每 667 米^2 栽植 13 000 ~ 14 000 株。

另外,套种作物的密度还应根据它在套种中的位置和边际效应大小而定。在麦辣套种组合结构中,小麦进入生育高峰时期时,辣椒尚未套栽,具有充分的时空和高度的边际效应,确保小麦个体和群体的良好发育,在这种情况下,套种的小麦应适当增加密度,小麦的播种量,按实占播种面积计算,比单一种植应增加播种量 30% 左右,使其充分利用边际效应发展个体,增加产量。虽然小麦暂时占据 60% 的套种面积,但小麦收获之后,辣椒才开始进入生育高峰,逐渐占有 100% 的套种面积,辣椒在套种过程中也未降低密度,同时还比单一种植增产 30% 以上。

八、采取促进生育措施，
充分利用时空增产增收

辣椒原为一年一收作物，间套之后，在同一辣椒田内，除收辣椒外，还可增加一季或两季甚至三季、四季收成。由于一块地中一年多种多收，往往有季节不够用或十分紧张的矛盾。套种茬次越多，矛盾越突出。为了解决这个矛盾，各地应用科研成果和工业的进步，采取了各种各样的办法，充分利用时空，促进生长发育，缩短田间共生时间，或共生促进的技术措施，保证多种多收，增产增收。目前，在辣椒间套中，我国普遍采用加速生育解决多次套种季节矛盾的方法。主要有以下 5 种。

一是采用塑料薄膜覆盖育苗、地热线育苗、工厂化育苗或温室育苗技术，提前播种，加速生育，延长结果时间，促使高产。

二是应用地膜和大、中、小拱棚等，提早定植。

三是利用高秆作物防风避寒，遮荫降温，防病虫害，保证套种作物的健壮生育。

四是利用某些作物(如芹菜)喜低温潮湿、顶土力弱、发芽困难的特性，与前作物混种，促其发芽出苗，加速生长。如辣椒套小白菜时，在第三茬小白菜播种时，混种芹菜。由于小白菜出苗快、生长迅速，叶片覆盖地面后，土壤变得凉爽潮湿，为芹菜种子发芽创造了良好的条件，使芹菜在与辣椒正式套种前，就已开始生长。

五是采用育苗移栽。为了缩短套种共生的时间，蔬菜套种常采用育苗移栽措施。在前作尚未收获前,先另选床地育苗,前作收后,可将 30～150 天育龄的幼苗套于田间。有时为了减少移栽时根系的损伤,还常利用纸钵、营养土块、方格切块和营养钵育苗,带土移栽。

九、精细操作,科学管理

辣椒与其他作物实行套种后,各参加作物由原来的单一群体变成了两种或两种以上作物共生的复合群体。由于不同作物所需求的栽培管理技术不同,以及共生过程中可能出现作物种间竞争与相互抑制现象,尤其是矮生型处于下层生长的作物,常因光、温、气、肥等生长条件较差,一般生育较弱。为了解决这些问题,必须对间套作物分别对待,分别照料,精细管理。实施间套作物分带做畦种植,分带管理,确保各种作物生育过程中的各自需求。

辣椒间套管理的中心是提高水肥管理水平。水肥不仅是作物进行光合作用和其他生理过程的必需物质,还能起到影响作物叶面积大小、光合生产效率和个体与群体协调生育的综合作用。因而,套种前必须施足基肥,深耕消毒。套种后,按作物生长需肥需水规律及时追肥灌水,调控作物的不同生长发育,使其保持群体叶面积的高光合效率。

整枝修剪也是间作套种栽培中的一项重要管理技术。为了改善群体通风透光状况,调节个体生长发育及营养合理分配,在一定的作物生育阶段需要对其植株进行整枝修剪。例如,辣椒和玉米间套,在辣椒开始红熟时期,需通过剪顶控制生长,促进果实发育,而玉米需要采用打老叶和削顶梢的措施,增强群体光照,加速辣椒成熟。

十、掌握病虫消长规律及时防治

间作套种形成了与单作不同的复合群体环境,有些病虫害受到抑制,但另一些病虫害反而会更加流行,甚至增加了新的病虫危害。例如,小麦、辣椒、玉米三作物采用梯阶式套种后,虽然危害辣椒的病毒病、烟青虫受到抑制,而为害玉米原不为害辣椒的黏虫,反而变得更为猖獗。因此,在采取间套种时,加强病虫消长规律的研究和观察,及时做好病虫害防治工作,是间套栽培高产、稳产的关键环节。

一是及时改进套种作物的组合,充分选择和利用具有生物学互助防治病虫而且经济效益高的作物参与组合套种。

二是改进和提高栽培技术水平,使有利于作物生长又可抑制病虫流行的新方法、新技术应用于间套栽培,以提高农业栽培的防治水平。尤其是通过肥水管理、栽培形式、整枝修剪、共生期调整等先进的技术进行防治。

三是积极利用生物防虫治病技术,逐渐发展以虫治虫、以菌治虫、以毒治毒、以菌治病、以病治病和选用抗病虫害的作物品种等新的生物技术,加速无公害防治技术应用。

四是对采用上述三种措施仍然难于防治的病虫,应当做好病虫预测预报工作,及时选用高效低毒低残留农药进行防治。

金盾版图书，科学实用，
通俗易懂，物美价廉，欢迎选购

多熟高效种植模式180例	13.00元	种子的质量	5.00元
科学种植致富100例	10.00元	旱地农业实用技术	14.00元
科学养殖致富100题	11.00元	高效节水根灌栽培新技术	13.00元
作物立体高效栽培技术	11.00元	现代农业实用节水技术	7.00元
植物化学保护与农药应用工艺	40.00元	农村能源实用技术	12.00元
农药科学使用指南（第二次修订版）	28.00元	农村能源开发富一乡	11.00元
简明农药使用技术手册	12.00元	农田杂草识别与防除原色图谱	32.00元
农药剂型与制剂及使用方法	18.00元	农田化学除草新技术	11.00元
农药识别与施用方法（修订版）	10.00元	除草剂安全使用与药害诊断原色图谱	22.00元
生物农药及使用技术	6.50元	除草剂应用与销售技术服务指南	39.00元
农药使用技术手册	49.00元	植物生长调节剂应用手册	8.00元
教你用好杀虫剂	7.00元	植物生长调节剂在粮油生产中的应用	7.00元
合理使用杀菌剂	8.00元	植物生长调节剂在蔬菜生产中的应用	9.00元
怎样检验和识别农作物			

以上图书由全国各地新华书店经销。凡向本社邮购图书或音像制品，可通过邮局汇款，在汇单"附言"栏填写所购书目，邮购图书均可享受9折优惠。购书30元（按打折后实款计算）以上的免收邮挂费，购书不足30元的按邮局资费标准收取3元挂号费，邮寄费由我社承担。邮购地址：北京市丰台区晓月中路29号，邮政编码：100072，联系人：金友，电话：(010)83210681、83210682、83219215、83219217(传真)。